三菱海軍戦闘機設計の真実

曽根嘉年技師の秘蔵レポート

杉田親美

国書刊行会

貴重な資料を残された曽根嘉年技師　写真提供曽根一氏

曽根資料　設計メモ 8 冊(上)と上司への報告書 7 冊(下)　資料提供曽根一氏

第 4 號　昭和　年　月　日

三菱重工業株式會社名古屋航空機製作所

トナル、フラッターヲ生起セル場合ノ全機ノ振動態ハ次図ノ如シ
即チ斯クノ如キ振動ニテ破壊スル場合ハ第二号ガ
破壊ヲ生ゼシ状況ニ類似ノ状態ヲ呈スルモノト
想像シ得

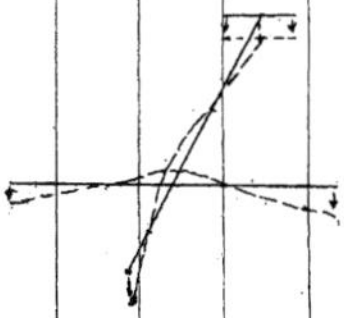

(三) 昇降舵「マスバランス」取付腕ノ破損状況

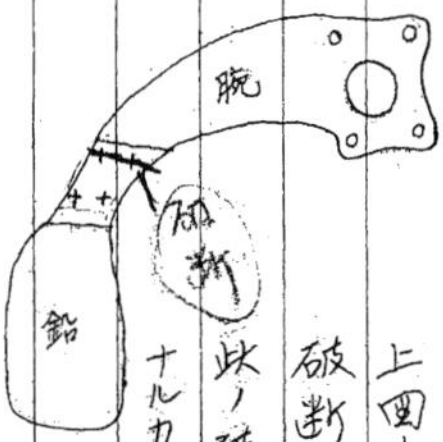

上図ノ如ク腕ノ首部鉛取付鋲孔ニ沿ヒテ
破断シ鉛部ハ脱落シ居レリ
此ノ破断ハ該部ニ衝撃ヲ受ケ破断セルモノ
ナルカ或ハ振動ニヨル繰返シ荷重ニテ
破断セルモノナルカヲ実験ニテ調査サレタリ

昭和15年４月８日付三菱名古屋航空機製作所長宛報告書原本　資料提供曽根一氏

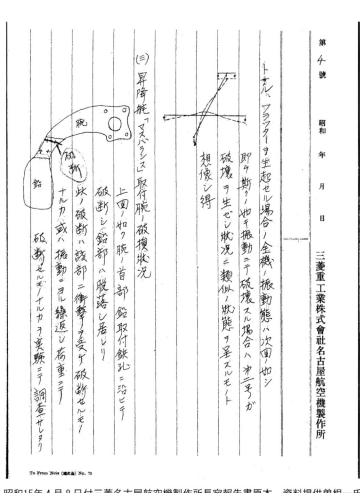

設計室での曽根技師（向かって右）　写真提供曽根一氏

十二試艦戦　試作１号機　昭和13年12月24日　於：三菱試作工場内　Ⓒ野原茂

三菱海軍戦闘機設計の真実　曽根嘉年技師の秘蔵レポート

凡例

1 本書は「防衛技術ジャーナル」(一般社団法人防衛技術協会　発行)に「海軍戦闘機設計の真実」として連載されたものを単行本化にあたり、加筆修正したものである。

2 航空機の名称は、初出のものについては「零式艦上戦闘機」「九六式艦上戦闘機」など、略記せず記載した。また各型は「九六式四号艦戦」「零式艦上戦闘機二一型」などと記載した。初出以外については「零戦」「九六艦戦」などと略記した。

3 曽根氏の資料の中では「96式艦上戦闘機」「96艦戦2号2型」などと記載されている箇所があるが、右に統一した。陸軍機に関しては原則、右にならったが、「キ四十四」などは「キ-四四」などと記載した。また愛称「隼」「飛燕」なども使用した。

4 飛行機会社名は「三菱航空機株式会社」は「三菱」、「中島飛行機株式会社」は「中島」のように略記した。

5 曽根資料は原則、カタカナで記載されているが、読者の便宜を考え、カタカナをひらがなに書き換えた。ただし、カタカナ表記を維持したほうがのぞましい場合は、カタカナのままとした。また、明らかな誤記・脱字と思われる箇所は訂正するか、適宜補った。

6 曽根資料からの引用は各行の上に横罫線を引き、本文と区別した。曽根資料では日付や項目の番号などにさまざまな形式が使用されている。意味が通じにくいものに関しては訂正したが、それ以外については原文の通りとした。

目次

第1章　零戦――そのデビュー戦の舞台裏

初めに

零式艦上戦闘機（零戦）は、わが国で開発された航空機の最高傑作として位置づけられていることは周知のとおりである。昭和12年から十二試艦上戦闘機として開発がスタートし、昭和14年4月に初飛行、装備エンジンを三菱製の「瑞星」から中島製「栄」に換装して、厳しい開発要求性能を満たす優秀な性能が確認された。当時、中支方面で作戦をしていた九六式陸上攻撃機（九六陸攻）が想定外の損害を被っていたので、九六陸攻隊の護衛任務を果たすことが熱望されるようになった。

昭和15年9月13日、横須賀航空隊から空輸された零戦が漢口の基地から重慶に九六陸攻隊を護衛して進空し、中国側の戦闘機群を捕捉して全機を撃破したうえ、味方の損害はゼロという華々しいデビューを飾ることとなった。この間の開発状況、ならびに技術課題への対策などについては、主任設計者の堀越二郎と海軍航空参謀などを歴任した奥宮正武共著の『零戦』で詳細に描かれている。この著書のおかげで、零戦およびその前後の戦闘機の開発について、詳細を知ることができる。

この堀越技師を補佐し、九六式艦上戦闘機（九六艦戦）以来、開発をともに行っていた曽根嘉年設計技師が資料を残されていたことは、ご自身で書かれた記事などによってよく知っていた。ある日、「曽根さんの資料がありますから読んでみませんか」と、防衛技術協会からお誘いがあった。

曽根嘉年技師は、明治43年11月3日兵庫県に生まれ、東京大学工学部機械工学科卒業後、三菱航空機株式会社に入社。機体設計課に配属され、堀越二郎技師の下、九試単戦の開発に参加する。その後、堀越技師を補佐して、構造設計を担当、優れた知識と調整能力により、海軍との調整あるいは運用部隊との不具合対策などで実績を上げた。零戦以降、体調のすぐれない堀越技師を助け、実質的に十七試艦戦「烈風」の設計を任され、手腕を発揮する。戦後は新三菱重工業株式会社三原製作所技術部長、三菱自動車工業の取締役社長を歴任。勲二等瑞宝章を受賞している。

終戦時、海軍からの焼却処分命令に反して曽根技師が残した資料は報告・指示書など7冊、覚書などが8冊。昭和10年から終戦に至るかなりの分量の資料である。この資料をすでに読み、利用された人々がいることも十分知ってはいた。それでも、この資料を熟読すると、零戦の開発などに関連して従来よく分かっていなかった新たな事実が次々と浮かび上がってきて、とても価値の高い第一級資料であることが理解できたのである。そこで、この貴重な曽根資料を読み進めながら、あらためて零戦など海軍戦闘機の開発をめぐる数々の事情について考察を加えていきたいと思う。

曽根資料を読みとくに当たっては、まず最初に零戦の華々しいデビュー戦の舞台裏から話を始めてみたい。

十二試艦戦を戦線へ

三菱製「瑞星」エンジンを装備した十二試艦戦の1号機は、昭和14年9月14日に海軍に領収、続いて2号機が10月25日領収されて、直ちに官側の飛行試験に供された。さらに、エンジンを中島製「栄」に換装した3号機が15年1月24日に領収されて、十二試艦戦に要求された速度、上昇率、航続距離、良好な運動性、そのすべての要求性能を満足していることが明らかになりつつあった。残った課題は、高速での横操舵、補助翼が重いことなど、主として細部の事項だった。懸念されていた、20㎜機銃の空中発射試験を開始すると上々の命中率が得られ、海軍の期待が高まった。

その頃、中国との戦いは奥地へと拡大し、蔣介石率いる国民政府は四川省州都の重慶に後退していたため、この地への爆撃が開始されていたが、友軍の基地がある漢口から往復1、850㎞（1、000海里）ほどの長距離作戦になり、九六陸攻による爆撃に現用の九六艦戦では航続距離が短いため護衛することができず、許容しがたい被害が発生していた。当時の戦闘機不要論などはこの厳然とした事実の前に雲散霧消し、事態を改善するため、高速で十分な航続性能を有する十二試艦戦を試作機のまま早期に中支戦線へ投入する計画が発案された。

これに対応するためには、十二試艦戦の飛行試験を進捗させ、技術課題の解決を急がなければならなかった。その中で昭和15年3月、試作2号機がダイブ飛行中に空中分解するという事故が発生し、パイロットの奥山真澄職手も殉職してしまった。

関係者の努力により、4月には事故原因が昇降舵のマスバランスの脱落による尾部フラッターと解明され、所要の対策が実施された。海軍の全力を挙げた対応の成果といえる（第10章で詳述）。こうして7月末を目標にした、1コ分隊レベルの十二試艦戦を戦地に送り込む計画が進められることになったのである。

ここに昭和15年6月17日付けで、海軍航空本部技術部で打ち合わせた曽根技師の出張報告がある。

最近における戦地の情勢の変化により、さきに不要なりと打ち合わせおりたる胴体内燃料槽は装備しおくこと必要となりたり。12機を7月末に戦地に空輸の予定なるゆえ、3、4、5号（胴体槽は装備しあり）を含み12機に至急、胴体槽を製作し装備するを要す。猶爾今製作の局戦の全機に胴体槽を装備しおくように手配のこと。

本件に関し由比技師の回答

胴体槽（タンク本体のみ）６月末５個、７月10日５個完成予定。
爾後は機体製作数に適応し完成。タンク機体に装備しては官のご希望に沿うよう工事促進に努力することとす。

続いて空技廠実験部にて
Ａ６機は７月末に戦地に空輸の予定にて７月上旬より実験部において戦地の操縦士に対し講習を行はるることになりおれり。（筆者注：Ａ６は十二試艦戦と零戦の略符号。Ａ６Ｍ２なども同じ。）

十二試艦戦は、試作３、４、５号機以降の量産機では、胴体タンクを装備しないことになっていたことが記述されており、戦地に投入するため急いで胴体タンクを取り付けた様子が分かる。航続性能が十分確保されており、量産型に胴体タンク（約１５０リットル）は不要と判断されていたと思われる。

また、ここでいう局戦とは艦載用の装備をしていない陸上運用の機体を指している。

ベーパーロック対策

６月25日午後、十二試艦戦４号機および６号機は、それぞれ岩城万蔵空曹長、帆足工中尉が搭乗して、高々度飛行試験を実施している。

帆足中尉機は、高度７０００ｍを越えると燃圧が低下してエンジンが不調になり試験を中止したが、岩城空曹長機は、エンジン不調となりつつも高度１万ｍまで上昇したが、やはり燃圧不調のために試験を中止している。夏場で燃料タンクの燃料温度が上昇していて、上昇率が高くなり燃料が冷えることがないまま高空に上ったことによる燃料気化現象（ベーパーロック）が発生したのである。十二試艦戦と九〇式艦上戦闘機（九〇式艦戦）の燃料タンクにセンサーを取り付けた比較試験が実施され、直ちに次の三つの対策が立てられた。

①燃料タンクからの配管に外気を送り込み冷却する方法
②燃料配管の内圧を高め気化を防止する方法
③気化しにくい特殊な燃料を使用する方法

この内、想定される戦地は内陸で、夏は高温になることが懸念されており、解決するまでの時間がないため、③の特製燃料の使用が採用された。本件は、これで７月上旬に一応の落着となる。

この特製燃料が「試製九二揮発油」である。５分半で高度５０００ｍという優れた上昇性能のために燃料が地上で温められ、熱いまま上空に達することで顕在化した問題といえる。

曽根資料「Ａ６」編に試製九二揮発油のことがこの高々度飛行試験の記述の欄外にメモとし

て残されていた。

試製九二揮発油
九二揮発油にIsooctaneを15％入れたるもの
ＶＰ　０・50から０・27
ＯＮ　91・９から93・８

と記されている。ＶＰは「Vapor Pressure」、ＯＮは「Octane Number」をそれぞれ示しているものと思われる。堀越技師の『零戦』にも「試製九二オクタン揮発油」との記述があるが、その成分についてはなぜか触れられていない。

戦闘機隊指揮官の発令

７月末に戦地への進出を目指して、戦闘機隊の人員の手配も始まった。６月28日、空母「蒼龍」の戦闘機分隊長として艦隊勤務を終えて、大村航空隊に勤務していた横山保大尉に、臨時横須賀航空隊付が発令された。

「十二試艦上戦闘機をもって一コ分隊を編成し、できるかぎり早い時期に、中支戦線の漢口基地へ進出せよ」という命令であった。早速、横空の実験部で編成した搭乗員に対して十二試艦戦の講習がおこなわれた。少しあと、漢口に展開する第十二航空隊から、進藤三郎大尉と搭乗員がもう1コ分隊を編成するため、横空まで十二試艦戦を受領に派遣された。

この時点で十二試艦戦には、まだ解決しなければならない不具合が残っていた。

・カウリングでの冷却不足によるエンジンシリンダー温度の上昇
・20㎜機銃の薬莢排出の問題
・急旋回時に脚が飛び出す
・増槽が落下しない

などである。この問題を解決するために、空技廠の担当者である機体関係の高山捷一技術大尉、エンジン関係の永野治技術大尉が漢口まで同行することが発令された。

7月21日に横山大尉以下6機が空路、大村、上海を経由して漢口まで進出し、その約1週間後に進藤大尉以下7機（1機不調により遅着）が進出する。堀越技師の『零戦』では、両大尉が7月21日に2コ中隊一緒に進出したと記述されているが、胴体燃料タンク装備の状況により完成機が揃うのを待って、逐次、空輸された。

この時の横山大尉の記憶では、トラブルの一番は高々度における燃料圧力の低下とあり、ベーパーロックが大きな問題であったことが分かる。13機は漢口で機体の改善を待ちつつ、九六陸攻の護衛作戦に参加する機会を得るべく準備を進めることになる。

高山大尉からのヒアリング

十二試艦戦は、漢口での作戦投入に先立ち、７月末に制式化されて零式一号艦上戦闘機一型となり、８月19日に横山大尉、進藤大尉が指揮する12機の零戦が54機の九六陸攻の護衛に参加することになる。重慶には高度６０００ｍで進空するが、中国軍の戦闘機の姿はなかった。翌20日、再度作戦がおこなわれるが、この日も敵影はなく空振りに終わった。次の作戦までは少し時間が空き、この間に高山大尉が一旦、帰国する。これを待って、曽根技師が直接、高山大尉にヒアリングをしている。

「Ａ６機、戦地へ空輸の際、整備のため全機に付添ひて中支方面へ出張されたる高山部員、去る８月27日夜帰任されたるを以って同部員に面会、戦地の状況を承りたる処、左の如く御報告申し上げ候」

長い表題であるが待望の戦地報告がよく活写されている。

Ａ６機中支基地に於ける使用状況

Ａ６機は、飛行及び整備両方面共、九六艦戦に比し評判中々に良し、最近は、天気さえ良ければ重慶方面へ出動し居れり。

戦地における一般の要望事項中主なるものは、

1、補助翼操舵力が高速にて重い、もう少し軽くし度し

2、方向修正舵を装備すること必要なり

3、振動大なるを以って防振方法を講ずること

4、筒温過冷防止対策を施すこと

（筆者注：過熱対策ではなく筒温過冷防止対策とある）

これ以外は省略するが、損傷個所にあげられた事項のうち、次のような発言があることに注目される。

損傷個所

・機体表面塗装は、色が段々に褪せて薄青色となり、表面に小さな亀裂が入り、小部分宛脱落して来る

この記述は、ベーパーロック対策として導入された、イソオクタンを15％増量した試製九二揮発油の影響に違いない。漢口から重慶までの往復の距離は１８５０㎞ほどもあり、これまでの2回の作戦で、機体の表面塗装は急速に退色が進んだと思われる。単に退色が進むだけではなく、塗装面が亀裂を生じて脱落してくるのではないかと危ぶまれ、対策が必要となったと考

えられる。

中支戦線に投入された零戦は、写真を見ると胴体中央の日の丸の部分を境に前後で色が異なり、前半が少し濃い塗装色になっているのが分かる。このことから、胴体前半は何らかのコーティング塗装であったのではないかと推測される。主翼への塗装も翼根部から20㎜機銃あたりまでというのが妥当な範囲ではないかと思われる。これで長い間、何とも不思議だった胴体の前後色違いの謎が解けた思いである。

塗装面に強い作用を及ぼした試製九二揮発油、影響はこれだけだったのだろうか。調べてみるとイソオクタンには毒性があり、これを含んだ排気ガスを吸った人は眠気をもたらし、眼には刺激があることが知られている。長時間飛行するパイロットのためには健康面が心配されたと思われる。

中支戦線に投入された機体は最初期の量産機で、エンジンの排気管は胴体側方に開口している。これが取り扱い説明書の写真として掲載されているが、生産37号機から開口位置が胴体下方に変更されることが、図面で指定されている。なぜ開口部を急に前胴下方に変更したのだろうか。パイロットへの試製燃料の影響を減らすのが目的ではなかったかと思われる。しかし、生産のスケジュール上では、中支作戦には間に合わなかったことになるはずだが割合と豊富な、この時期の零戦の写真で見るかぎりは、多くの機体の排気管が胴体下方に開口しているのが確認できる。おそらく、初期生産の機体にさかのぼって、現地で機体改修をしたものと推測される。

重慶上空の空戦

こうして9月12日に3回目の進空作戦が横山大尉指揮で実行され、今回も中国機が在空しておらず空振りとなったが、九八式陸上偵察機（九八陸偵）の偵察により、九六陸攻および零戦が重慶を引き上げた後、中国機が戻り、あたかも日本機を駆逐したかのように振る舞っていることが判明した。

翌9月13日、今度は進藤大尉指揮のもと、零戦13機が九六陸攻を護衛して重慶に向かった。中国機は見当たらなかったが、予定通り一旦帰途についた。しばらくすると中国機が重慶上空に集合して日本機を追い払ったとばかりデモンストレーションするのだ。この状況は、在空して監視を継続していた九八陸偵から電信で零戦隊に伝えられた。

進藤大尉以下13機は、勇躍して再び重慶に向かった。中国機は複葉のI－15と、単葉のI－16戦闘機約30機である。零戦は中国機の不意をついた形で空戦の主導権を握り、ほぼすべての機体を撃破して味方は全機無事という完勝だった。苦労の末に、零戦隊は素晴らしい戦果を挙げたのである。試作機を実戦に投入することになったため、初期トラブルを急いで改善する必要があり、一方で味方陸攻隊の損害を少なくするため早期の作戦参加が要請された中、関係者は死力を尽くしてそれに応えたのだった。

ベーパーロック対策の継続

鮮やかな勝利でデビュー戦を飾った零戦だが、ベーパーロック対策の特殊燃料を用意して戦いに臨むのは補給が非常に困難であり、早期に通常の燃料を適切に冷却するための機構を開発する必要があるのは明らかであった。

デビュー戦から約２ヵ月後の11月15日の報告に、この問題を討議した記録がある。

仮称零式艦上戦闘機２型要改造事項審議研究会

１、ベーパーロック防止

空技廠に於いて燃料槽下面覆蓋に開閉式導風板を設け外気を燃料槽の周に導き冷却せしむる案を実験されたり。

本案を実施せば、上昇中に於ける燃料槽内燃料の温度低下はほぼ満足し得る程度にして、地上にて燃料温度40度Ｃ以下に保ちて離陸せば１００００ｍまでベーパーロックを起こす惧れなしとの結論ありたり。

続いて11月28日の報告では、燃料の問題についても言及している。

—　Ａ６Ｍ２ベーパーロック防止対策に関する打ち合わせ

航本の御意向

（1）Ａ6機は現在ベーパーロック防止のため特殊燃料を使用し居り、各基地に対する燃料補給に困難を感じ居る状況なり。この特殊燃料の補給問題を解決するため、本案の実施は最も緊急を要し、実施機番の遅延するは誠に困る。

重慶作戦では、漢口から西方約３００㎞にある宜昌に設定した補給基地があった。この地に十分な特殊燃料を送ることは、確かに困難だったはずである。空技廠の導風孔による冷却方式は適切な冷却能力を備えていたのだが、この方法を三菱側で検討すると主翼の強度が低下することが懸念され、会社案として開口孔を後退させ、主桁周りには、開口部を設けない方法を提案している。開口孔を新設する方法は、翼周りに何らかの補強が必要であり、重要な部位であるだけに強度試験による確認も必要となる。しかし、特殊燃料の使用を止めるために対策が急がれたため、これらの方法は採用されなかった。

最終的には燃料タンク出口に電動ブースターポンプを新設して燃料系統を加圧する方法が研究され、電燃ポンプとして採用されることになった。なお南方作戦に従事した「隼」「飛燕」などの陸軍戦闘機は、燃料冷却器を新設して解決している。

新規開発した高性能の機体には技術的なトラブルがつきものである。問題をどう把握して適切な対策を取るか、関係者の力量が問われることになる。このような課題に取り組み、多くの教訓を得ることに醍醐味がある。

曽根資料は、海軍戦闘機開発チームの一員となった曽根技師が作成した連絡、指示、報告などをまとめて残したものである。主任設計者の堀越技師を補佐して九六艦戦から烈風まで優れた戦闘機を開発し続けた曽根技師が残した資料は、これらの機体開発における設計陣の努力と奮闘ぶりを余すことなく伝えてくれている。これによって今まで定かではなかった新たな事実の数々に向き合うことができる。

今回取り上げた零戦のデビュー戦におけるベーパーロック対策は、まさにその一例である。特殊燃料の成分と機体塗装が退色するというキーワードで、零戦の謎の一端を垣間見ることができた。

第2章以降も、さらに資料を読み進め、堀越チームの戦闘機開発における苦心の跡をたどっていきたいと思い筆を進める。

第2章　三菱九試単戦と九〇式艦戦改の戦い

――低翼単葉戦闘機　ＶＳ　複葉艦上戦闘機――

曽根技師が「零戦搭乗員会」に特別会員として入会を許可されて、その会誌に投稿されたのが「技術者冥利」というタイトルの記事である。この記事では、海軍の名だたるパイロット達と親交を結ぶことができた喜びとともに、戦闘機開発プロジェクトの中で、特に印象に残った出来事の第一のものとして、九〇式艦戦改を相手に三菱九試単座戦闘機（以下、九試単戦とする）が空戦性能を実戦さながらに飛行実験をおこなったことが挙げられている。

九試単戦は、低翼単葉の全金属機で、空力的に洗練された形状であるばかりでなく、構造重量の軽量化にも画期的に成功した機体であった。現用機から約１００㎞／ｈ近くも優速で、高い上昇性能は、多くの関係者を驚愕させた。しかし、複葉の戦闘機とまともに格闘戦をして果たして勝利できるかは、老練なパイロット達からも疑問視する声があがっていた。

第2章は、曽根資料に基づいて、単葉九試単戦と複葉九〇式艦戦改の模擬空戦の報告から、その意義について述べてみることにする。

九試単戦採用に関する横須賀航空隊の意見

昭和10年2月に九試単戦の飛行試験が開始されると、最高速度243・5kt（451㎞／h）、上昇力5000mまで5分54秒というすばらしい性能を記録し、関係者達を驚かせた。担当者である小林淑人少佐は、本機の優れた資質を見抜き、高速性、上昇力を活かしたズーム&ダイブを各務原飛行場上空で派手にデモンストレーション飛行をおこなった。さらに新たに担当者となった源田實大尉も海軍大学に進む間、試験飛行を行っている。

曽根技師の昭和10年10月14日付の出張報告では、着艦フック改修の結果について、源田大尉操縦と記され、飛行試験の報告には、改修結果は良好とされている。源田大尉は、今のブルーインパルスに相当する「源田サーカス」アクロチームのリーダーとして知られ、九〇式艦戦で長く操縦を経験している。昭和10年秋に、海軍の航空本部から九試単戦の採用について、運用者たる横空側の意見を求めて会議がおこなわれた。

航空本部からは「三菱九試単戦を採用し、九五式艦戦の生産を終了させることで異議はないか、横空（横須賀航空隊）側の意見を求める」というものであった。横空副長兼教頭の大西瀧治郎大佐が立ち上がり「横空の所見は、源田大尉をして述べさせます」と発言している。

源田大尉曰く、「三菱九試単戦が速力や上昇力等、数字で現すことのできる性能について画期的であることに異存はない。しかし、戦闘機は上昇力や速力のみによって戦闘するのではない。なるほど爆撃機や雷撃機を攻撃する場合には、速力、上昇力は最大の要素となるのであるが、対戦闘機戦闘においては必ずしもそうではない。格闘戦性能、即ち旋回性能や微妙な操縦性が重要な要素となるのである。私の考える所、単葉機は空戦性能が余りよくない。中島九試単戦はその例である。三菱機については、実験未済であるが、どうも九五戦の方が優秀なのではないかと思う。従って、今ここで九五戦を廃止し、三菱機一本に絞ることには反対である」。

翌日から、九試単戦は2号機を使用した九〇式艦戦改との模擬空戦試験が開始されるため、横空の担当者は、準備に取り掛かった。

九試単戦第2号機対九〇式艦戦改第7号機の空戦

この時の模擬空戦試験には、曽根技師が会社側として立会っており、出張報告に飛行試験の状況が記述されている。簡潔な表現だが、詳細にわたりさまざまな事項が明らかになっている。

出張報告（昭和10年11月12日）
表題：カ14第2号機試験飛行連絡（筆者注：カ14は九試単戦と九六艦戦の会社側の名称）
飛行状態：バラスト　発動機架　20kg
座席下　15kg
無線位置　20kg

翼面荷重　　　　　　　　98kg／㎡
カ14第2号機　対　九〇戦改第7号機にて鎌倉上空3000mにて優劣位よりする戦闘
即ち　第1回　三菱機
　　　　　3500mより右上方より反航接敵
第2回　九〇戦改7号機
　3500mより右上方より反航接敵にて空戦を行われたり
第1回飛行　午前8時18分より8時45分まで
　　　三菱機　　　　野村大尉
　　　九〇戦改7号　森一空曹
第2回飛行　午前8時55分より9時30分まで
　　　三菱機　　　　恵一空曹
　　　九〇戦改7号　野村大尉
第3回飛行　午前9時55分より10時18分まで
　　　三菱機　　　　間瀬空曹長
　　　九〇戦改7号　望月一空曹
第4回飛行　午前10時25分より11時05分まで
　　　三菱機　　　　望月一空曹
　　　九〇戦改7号　間瀬空曹長

以上、4回の飛行とも、空戦にて巴戦に入れば、三菱機の低速時の「ストール」甚だしく、三菱機は終始苦戦を続けて敗退の止むなきに至る。

本日の飛行状態（翼面荷重98kg／㎡）は、昨日と変わりなく、昨日は優勢なりしが本日は、三菱機が、全く圧倒されるは、操縦者の「コンディション」又は、技量に依るものとは考えられず、発動機の不調に依る出力不足に起因せしやも知れずと考えらる。

依って午後より、発動機発火栓の点検等をなし、明日改めて本日と同じ状態にて試験さる事となれり。

これに続いて、

出張報告（昭和10年11月12日）
一昨日（11月9日）の状態に同じ、発動機発火栓を新品に交換しあり。
カ14第2号機 対 九〇戦改第7号機にて、鎌倉上空3000mにて。
第1回飛行　三菱機
5000mより反航接敵
第2回飛行　九〇戦改7号機　5000mより
反航接敵にて空戦行わる

第1回飛行　午前8時15分より8時40分
三菱機　　恵一空曹
九〇戦改7号機　野村大尉
三菱機断然優勢にして終始圧倒的勝利を得たり。
第2回飛行　午前9時05分より9時28分
三菱機　　野村大尉
九〇戦改7号機　森一空曹
三菱機依然優勢にして、昨日の三菱機とは見違えるばかりなり、昨日の不調は、発動機の出力不足に起因せるものと思わる。翼面荷重98kg／㎡にて高度3000mに於ける空戦が翼面荷重の限界らしくおもわる事となれり。
第3回飛行　午前10時15分より10時42分
三菱機　　望月一空曹
九〇戦改7号機　間瀬空曹長

鎌倉上空5000mにて空戦を行わる。5000mまでの上昇にては、三菱機1分15秒勝つ。

空戦に於いては、「ストール」激しく相当落下して初めて舵が効くので、その間に後に付かれて巴戦に入れば2旋回位にて三菱機は完全に敗退する。故に高度を下げて再び

3500m付近にて空戦を行はる。3500m以下にては舵の効き顕著にして三菱機絶対的優勢となる。

翼面荷重98kg／㎡にては、高度4000m以下にては三菱機が優勢と思わるとの事なり。

明日より、翼面荷重94・5kg／㎡時の5000mの空戦、小型脚装備時の空戦等を続行さる事

このような経過を踏まえ、九試単戦が九〇式艦戦改との空戦で圧倒的な優勢となることが確認されたのである。この曽根報告に対し少しコメントをしたい。

飛行状態

55kgのバラストを使い、機銃を搭載して接敵する重量状態を再現している。厳格に重量管理をしていたことが分かる。

供試機体

・九試単戦は試作2号機、逆ガル形状の初号機から基準翼を水平にして外翼に7度の上反角を付け、スプリットフラップを装備した機体。飛行試験で盛んに使用される。

・九〇式艦戦改7号機は、九〇式艦上戦闘機の装備エンジンを「光」に換装し、機体にも大幅

に改修を加えた性能向上機で、後の九五式艦戦の試作7号機の意味である。

空戦場所

「鎌倉上空　３０００ｍ」と記載されており、古都の上空で新鋭機の模擬空戦という何とも不思議なイメージが膨らむが、横空の飛行場からも観測でき、江の島辺りをランドマークとして海上にて実施されたものかと思われる。

空　戦

空戦は、優劣位戦となっており、優位側は３５００ｍ、劣位側は３０００ｍでそれぞれ反航接敵している。同一高度での空戦が省かれていることに注意してもらいたい。同位戦での反航接敵は、空戦する機体が編隊で離陸し、目標高度に到達すると、左右に90度変針し、１分経過した後１８０度変針して正対してから全速で加速し、互いに左に相手を見つつ接近し、すれ違った時に空戦が開始され、相手の後方に占位するよう操縦し、優位な位置に機体を維持した側が勝利となる。優劣位の反航接敵は５００ｍの高度差をつけて実施している。機体の優劣が明瞭に出るものと思われる。

パイロット

搭乗員は、士官、下士官から選定されており、それぞれ海軍を代表する技量を有する名人たちである。間瀬平一郎空曹長は、海軍対陸軍の空中試合で圧倒的な勝利を納めた達人であり、望月勇一空曹は、有名な戦法「捻り込み」を編み出した猛者だ。海軍最高の技量をもった名人が機体と優劣位の状況を交換しつつ、できるだけ客観性のある結果を得ようとしたものである。

点火栓

初日の九試単戦は出力が低く、このため、低速でストールに入りやすく、簡単に九〇式艦戦改に後ろを取られ、いずれも敗退している。点火栓がかぶって（燃料の多い混合気のため、電極周りにカーボンが溜まり放電が弱まる状態）出力が低下したものと思われる。翌日は、点火栓を新品に交換したため出力が目に見えて回復し、断然優勢となり九〇式艦戦改を圧倒した。馬力荷重が低いことで複葉機を圧倒できることを示した結果となった。

九試単戦は、九〇式艦戦改を劣位からでも圧倒するが、それは十分な軽量化と空力的洗練によるもので、点火栓がかぶり馬力が低下するとたちまち優劣が逆転する程きわどいものであることを図らずも示している。

高度5000m

空戦の高度を3000～3500mから、5000mに上げると、空気密度が低下してやはりストールに入りやすく、操舵の効果も低下する。4000m以下に降下することで回復し、中高度が九試単戦の強みを発揮できる領域であることを示している。

この空戦結果により、単葉戦闘機が複葉戦闘機に格闘戦でも優越することを知らしめることになった。海軍は革新的な単葉戦闘機の開発に成功したのである。

単葉機の失速性に関する技術課題

単葉機が格闘戦で複葉機に対抗できないというベテランパイロットの思い込みには、技術的な根拠がある。

・複葉機の失速特性

複葉機は、主翼が上下に接近して位置するため、空力的に影響を及ぼすことになる。機体の迎え角を大きくして失速に近づけると、上翼がまず失速に入るが、下翼は上翼により迎え角が抑制され、まだ失速には入らない。

通常、上翼が下翼より前方にあるため（スタッガーと呼ぶ）上翼の失速で機体に頭下げのモーメントが発生する。これにより自然に機体は頭を下げ、失速から回復する。複葉機は安全な失速特性を有した機体形状といえるのである。

・単葉機の失速特性

単葉機では、失速に近づくと、テーパーした翼（テーパー翼とは、翼の平面形状が翼端方向に向かって翼舷長（翼の幅）が小さくなるものをいう。翼端方向に翼の重量が軽減されることにより機体が軽量化できる効果があり高性能を追及する軍用機はこの形状を採るのが通常であるが、テーパーを強めると失速特性が劣化するため適切な形状が選定されている）の場合、左右いずれかの翼端側が失速に入る。片翼から失速するので機体はロールしてしまう（海軍では不意自転と呼称した）。パイロットの意思によらずロールするので、追尾している敵機からは容易に射撃される。追随している機体がなくとも、ロールから旋転して錐揉み飛行（スピン）に入る場合が多い。

単葉機は通常、失速付近の機体の挙動を制御できるように空力特性を改善する必要がある。この当時の欧米の単葉戦闘機は失速付近のロールを単葉機のやむを得ない特性と考え、大きな迎え角に入らぬよう単に飛行制限をかけるだけの機体もあった。

九試単戦は、「捩り翼（捩じり翼は主翼の取り付け角を翼端方向に向かい少し捩じって下げる技法をいう。通常は翼端で数度捩じることにより大きく翼の失速特性が改善され、抵抗の増加はわずかであるので九六艦戦以降の軍用機に採用されている）」で翼端失速を防ぐ方策を採用している。堀越技師がユンカース社から持ち帰った技術で、翼を捻ることによる抵抗増を最小限に抑えることができる。風洞試験の段階で、効果を十分に検討した結果と思われる。

前作の七試艦戦の教訓から、九試単戦は優れた大迎角特性、安定・操縦性となるよう、苦心が払われている。

ベテランパイロット達は格闘戦で単葉機が複葉機に勝利することはたとえ高速性、上昇性能で格段に優れていようとも困難と考えていた。単葉機が複葉機を格闘戦で凌ぐことはありえないという牢固な信念であったかと思われる。源田大尉も九試単戦を担当し、優秀な性能については自ら操縦して十分認識していたにもかかわらず模擬空戦の前は九〇式艦戦改には及ばないとの見解を示したわけである。

この模擬空戦の後、再び開催された横空での会議で源田大尉がこう述べている。

「先般の会議の席上、私は九五戦が格闘戦に関して優位をもっているであろうと述べたのであるが、その後、実験の結果、三菱九試単戦は、格闘戦においても射撃性能においても、九五戦に勝っていることが判明した。この飛行機は、私たちがもっている戦闘機の概念を越えたものので、まったく画期的な戦闘機である」

晩秋の古都「鎌倉」の３０００ｍ上空で、新鋭の低翼単葉戦闘機が複葉戦闘機を格闘戦で打ち破り、新時代の到来を告げたのである。

第3章　九六艦戦　空母「加賀」への着艦試験

九試単戦は、優れた高速性と上昇性能により関係者に驚きをもってむかえられたが、もともと高性能の機体をまずは実現し、艦上機としての航空母艦適合性は必要な改修をすることで対応する計画であった。

1号機が飛行試験を開始すると、空力的に洗練された機体形状でフラップを装備していないため、着陸時に降下進入すると、着地寸前にバルーニング（揚抗比が高くなり、機体の進入角が浅くなる）を発生し滑空角が浅くなるため、なかなか着地ができずに着陸距離が長くなる問題が発生し、艦上機としてはこれを解決すべきことが明らかになった。

2号機は、水平の基準翼に上反角をもった外翼に改め、スプリット形式フラップ（単純下げ翼）を装備して対応している。当初からこの問題について織り込み済みで計画をしていたのである。

空母「加賀」への着艦試験は、艦上戦闘機として採用するための最後の関門であった。

曽根技師が、「零戦搭乗員会」に入会して寄稿した記事の中で「戦闘機開発で最も印象的だったこと」に挙げられているエピソードの一つである。

着艦試験を実行する航空母艦に乗艦し、九六艦戦の着艦ぶりを詳細に観察しているこの報告は、簡潔ながらも、曽根技師の技術者としての高揚した気分が伝わってくる。

空母「加賀」への着艦試験

表題：九六式艦上戦闘機着艦実験の状況
日時：昭和12年2月12日　午前10時より午後4時30分
場所：志布志湾沖を航行中の軍艦「加賀」の艦上天候：晴れのち曇り（風速3乃至6m／秒程度と思わる）
機体及び搭乗員

機番　5	九六式二号艦戦（寿二型改三A）	吉富大尉（実験部）	車輪径　500mm
機番　6	九六式二号艦戦（寿二型改三A）	中野少佐（横　空）	車輪径　650mm
機番　オ-104	九六式一号艦戦（寿二型改）	山下大尉（大村空）	車輪径　500mm

（三菱No.14）

以上3機は、午前9時47分「加賀」艦上に編隊にて機影を現す（これは、基地鹿屋飛行場より飛来せるものである）発着甲板にて直ちに実験準備に移り甲板上の横索を全部取り除きて甲板上の邪魔物を片付ける。

用意万端整い各機交互に接艦演習を開始す。時に正に10時なり。

１０４号、６号、５号の順に各々「フラップ開」にて接艦を行いしも、第１回目は、各機とも甲板上高目に機を誘導し過ぎ、甲板を高く通過す。

第２回目、１０４号、及び５号は、大体に適当と思わる姿勢にて、接艦し微力にやや車輪を甲板に触れる処まで成功す。

第３回を実施せるに、又各機とも高めに誘導し過ぎたるも、各機共着艦操作及び誘導の見当を会得したらしく見受けられたり。更に、１０４号、６号のみは第４回目を実施せり。

これにて接艦演習を終わり、甲板上には、後部から30ｍより１００ｍの間に横索６本を張り、中央にて索の高さを甲板より１２０㎜とす。

艦速を早め、合成風速14ｍ／秒とし準備修了、６号より順次着艦実験に移る。時に10時23分。

最初、６号は、３本目の横索に引っかけて着艦、
５号は第１回目、高めに過ぎ失敗し、やり直し、第２回目に３本目の横索に引っかけて着艦。１０４号機は、１本目に引っかける。

第１回目の着艦実験に於ける操縦者の所見は、タウネンドリングに視界のための切り欠きあるものは（筆者注：５号、６号の九六式二号艦戦を指すと思われる）着艦視界は

九〇戦より良好なり。

着艦引き起こしの際のバルーニングが甚だしく、低速時の補助翼の効きが悪き様に感ぜられるとのことなり。

10時42分艦速を緩め、合成風速12m／秒　6号、5号、104号の順にて離艦、艦上旋回後、5号、6号、104号順にて着艦す。

5号は3本目、6号は2本目、104号は1本目の横索に引っかけ、今回は心配気ない着艦振りを示せり。

機体の降下振りは、九〇戦の「落ちてくる」感じに対し、九六戦は「滑る」が如き感じにて幾分九〇戦に比し、浮き気味なるも左右のグラつきも無く着艦せり。時正に12時なり。

この時の索の甲板面より高さは中央にて150㎜なり。

12時40分、艦速を早め、合成風速16m／秒とし、6号、5号、104号の順に離艦、「フラップ使用せず」に接艦演習を行う。

各機共、2回まで実施せるも、降下角度が少ないため相当困難の様に見うけられたり。第6号のみは、2回共車輪を甲板に接する処まで誘導して来たが、他機は皆高めに失していた。次いで前回同様、6本の横索を引張り、風速16m／秒「フラップなし」にて着艦を行う。

最初、5号は、自信なく、遂にフラップを下げて着艦せるも、6号は、鮮やかに1本

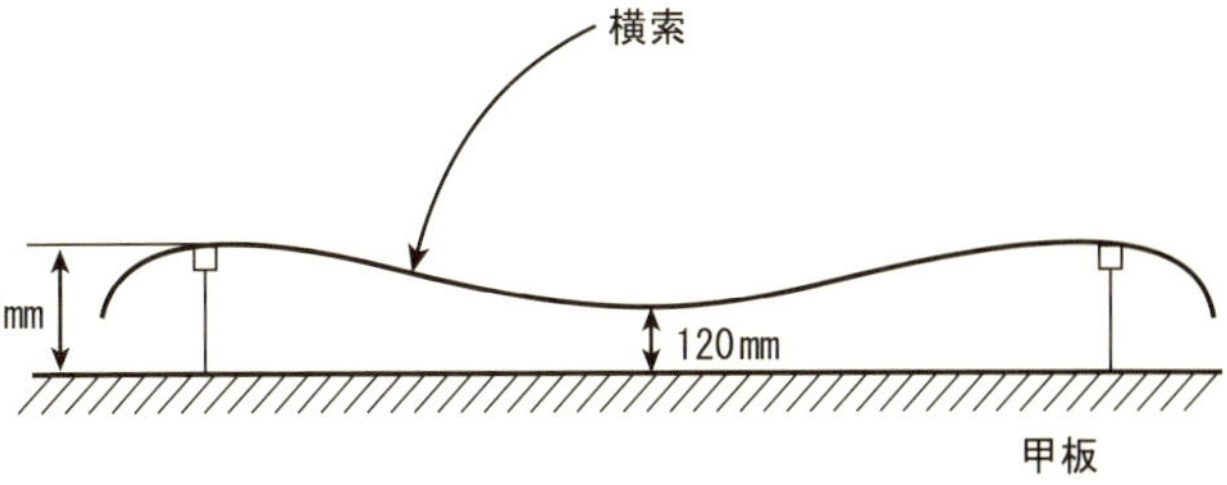

着艦試験に使用された着艦制動索　曽根資料スケッチより作製

目の索に引っかけて着艦せり。

１０４号は2回失敗せるも更に第3回を決行し、甲板後部に車輪を触し、１回大きく跳ね上がり、危なげに見受けられたるも遂に6本目の最後の索に引っかけて着艦に成功せり。

時に1時10分なり。

フラップ使用せざる場合の着艦は相当困難の様に見うけられたり。

フラップ操作装置は常に作動確実なる如く設計整備しなくては着艦困難に伴う事故を誘発する恐れあるを感ぜられたり。

以上にて無事着艦実験の終了を見たり。

実験機３機は、午後４時25分出発用意、同28分、6号、5号、１０４号の順に出発、鹿屋基地に帰還飛び去れり。


上記のような経過で、九六艦戦の母艦適合試験は無事に実施されている。これについて、少しコメントを加える。

空母「加賀」

適合試験に使用された航空母艦は「加賀」である。ワシントン海軍軍縮会議のために戦艦から航空母艦に転用された艦である。当初は飛行甲板が3段で、航空機の発達に適応できない不都合や後方まで延々と伸ばした誘導煙突による居住区への加熱などの種々の問題があり、不具合を解消するため早期に大改装が実行され、昭和10年6月に工事が完了している。

艦は、全通甲板に改修されたので248mの飛行甲板が確保されている。「加賀」と同様に、巡洋戦艦から転用された「赤城」はこの時期、大改装に入っている。九六艦戦の着艦試験を実施するためには最良の艦を使用できたことが分かる。

機体および搭乗者

機番5号機、6号機はそれぞれ、空技廠実験部および横須賀航空隊の所属で、寿二型改三A装備の九六式戦二号艦戦（初期型）である。

大村空から参加したオ-104号機は寿二型改装備の九六式一号艦戦である。大村空には初期量産機が優先的に配属されていたことから運用部隊からのオブザーバーとしての参加であるかと思われる。

搭乗員はそれぞれ士官のパイロットが派遣されている。

航空母艦から離陸する九六艦戦。写真は空母「蒼龍」を離陸する九六式四号艦戦（横山保大尉乗機）。昭和13年、於：東シナ海　©野原茂

車輪は母艦搭載用の小径の５００㎜のものと、陸上基地用の６５０㎜のものが比較のために用意された。

母艦への進入（フラップ開）

試験は接艦演習（現在のタッチ・アンド・ゴー）から開始している。何回か実施することでパイロットが次第に慣れてくる状況が分かる。進入はすべて「フラップ開」が基準になっている。

母艦への着艦（フラップ開）

着艦試験は、艦速を14ｍ／秒に増速して開始されている。まずは6号機が３本目の索にヒットし、５号機は1回目失敗、２回目は３本目の索にヒットして何とか

無事着艦したのに対し、104号機は1本目の索にヒットする興味深い結果になった。パイロットコメントでは、まだバルーニング気味と判定されている。

母艦からの離艦

十分な飛行甲板長のある母艦であるから、離艦には何の問題もない。艦速を12m／秒に下げ、各機順番で離艦する。

曽根技師のメモによると、5号、6号機の離艦滑走距離は、それぞれ66m、76mで離艦時間は、9秒、10秒となり、104号機は機体を十分加速させて離艦しているので、離艦距離は96mとなっている。

母艦への着艦（フラップ閉）

艦速を16m／秒に上げて、「フラップ閉」での着艦に挑んでいる。降下角が浅くなるため接艦操作が困難になることが分かる。5号機は自信がなく最後は「フラップ開」で着艦、6号機は1本目の索に上手くヒットさせ、104号機は一度大きくバウンドさせ6本目の索にヒットしていて、三者三様の結果となっている。

曽根技師は、作動機構が故障すると着艦が困難になるため、フラップ開閉機構の信頼性を高める必要性を洞察している。

九六艦戦着艦実験後の研究会

着艦実験終了後、「加賀」から志布志湾に向かう内火艇で、本日の実験の研究会が開催された。艇内でのまとめ事項は次の通り。

・軍艦「加賀」甲板上に於ける着艦離艦は容易なり。
・脚車軸にある繋留金具は艦体の動揺により摩滅損傷のおそれあり。
・排気管の形状及びタウネンドリングとの間隔を研究改善の上、現在より更に視界の良好を期すること。
・艦上にて機体を運搬の際、前進時人が押す個所が少なく運搬操作に困難を感ず。機を押す個所を増し、艦上の取り扱いを便ならしむる如く研究を要す。
・車輪覆いの形状は横索に対し概ね良好なるも更に研究を要す将来車輪は500及び650の何れを採用するやはおって考究す。

技術的課題

艦上機は、狭い母艦の甲板に短い滑走距離で着艦することが要求されるので進入角がある程度大きくないと運用が困難になる。

九試単戦の開発では、1号機が高速性を優先して逆ガル翼とし、翼が屈曲するためフラップを付けない形でまとめているが、2号機からは母艦適合性を満足するため水平の基準翼と上反角をもった外翼に変更してフラップを装備して対処している。空力的に洗練され、揚抗比（揚抗比とは通常飛行機が水平飛行している状態での揚力と抵抗の比を表す。翼は揚力に比べて抵抗が少ないため効率的な輸送手段となる。最良の揚抗比で飛行すれば航続力が最大となる。零戦は長大な航続性能を要求されたため、主翼幅を延長し、揚抗比の良好な速度で巡航する工夫をしている）の高い機体が着陸で進入すると地面に接近する程、誘導抵抗（誘導抵抗とは飛行機が揚力を発生するのに伴い生ずる空気抵抗で急旋回などで、発生する揚力が大きくなる程増大する。航空ショーなどで急旋回する機体の翼端から発生する渦として直接目視することができる）が減少するため揚抗比が大きくなり、なかなか接地しない。この現象はフレアーあるいはフロートとも呼ばれる。誘導抵抗は揚力係数の2乗に比例するため、進入時は大きくなっている。

1号機は横空の短い滑走路では飛行試験が困難と判定され、各務原飛行場で飛行試験が続行された。

2号機は主に抵抗を増大させるためスプリット形式のフラップを採用し、これは次期艦上戦闘機の十二試艦戦でも継承されている。

　1号機のような逆ガル翼にフラップを装備するのは開閉機構が複雑になり、屈曲部ではフラップの効果が大きく低下することになる（同じ逆ガル翼である米国海軍のF4Uはフラップ間を塞ぐ工夫をしている）。

　この試験では、着艦はいずれも指導角度6度にて実施されている。

　着艦進入時の前下方の視界の確保も艦上機では重要な課題である。装備エンジンは単列9気筒の「寿」なので、シリンダーの隙間から前方を見ることができる。

　この視界を少しでも改善するために、タウネンドリングの直上部に凹みを入れる改修が施されている。この問題は九六艦戦が艦上機として広く配属されると運用側から改善要望が強く出されている。一号艦戦のエンジン出力が減少したため、速度性能が低下した対策としてもカウリング、胴体形状の改善を海軍から指示されている。（第5章で詳述）

　九六艦戦の母艦適合試験は本機開発の最後のハードルであった。海軍は当時使用できた最良の空母「加賀」でこの試験を実施した。

　タッチ・アンド・ゴーから開始して、艦を増速して着艦を行い、パイロットによって何本目の索にヒットするかが違っている。

　「加賀」からの離艦は容易である。しかし、次の「フラップ閉」での着艦は艦をさらに増速しても安定的に着艦が困難であることが判明している。

　いずれにしろ、航空母艦に着艦することは技量の高いパイロットにとっても難しいことで、現代でも定期的にＮＬＰ（Night Landing Practice：夜間着艦演習）をしなければならないことでも頷けることのように思える。

冬の志布志湾沖で九六艦戦が行った着艦試験の状況が、曽根資料により目に浮かぶようである。

曽根技師にとって「技術者冥利」に尽きる一日であったに違いないだろう。

第4章　エリコン20㎜機関砲の搭載

昭和10年秋、横須賀航空隊練達のパイロットたちが、九試単戦2号機と九〇式艦戦改とで模擬格闘戦を実施した結果、全金属製低翼単葉の戦闘機が現用の複葉戦闘機を格闘戦においても圧倒できることが確認された。この画期的な出来事から半年後、曽根技師は空技廠出張の際、横空の間瀬空曹長から重要な情報を得た。それは戦闘機に搭載する現用の7・7㎜機銃の威力に関する実験結果であった。この機銃で金属製モノコック外板を射撃する実験を実施したところ、入射角が浅いと弾丸が滑り、貫通しないことが判明した。金属製外板の飛行機は打たれ強いことが事実として証明されたのである。

一方、海軍では将来の航空機の高性能化を洞察し、スイスのエリコン20㎜機関砲の導入を決断して国産化をすでに進めていた。九試単戦を制式化して量産するために、多くの改修事項をまとめた二型の開発要求に20㎜機関砲を搭載することが当初、盛り込まれていた。20㎜機関砲を適切に搭載するためには、スペースの確保あるいは翼の補強などとともに砲の反動力を把握することが必要になる。九六艦戦2機が試験的に20㎜機関砲を搭載して射撃試験を実行して20

㎜機関砲の威力等を評価している。後継機の十二試艦戦の開発では、その成果が十分に活かされることになった。

第4章では、九六艦戦の20㎜機関砲搭載に関しての話を進めることにする。

ビッカース7・7㎜機関銃の限界

第1次大戦後半、戦闘機の武装は操縦席のすぐ前方に7・7㎜機銃を2梃固定し、故障が生じればパイロットが弾を排除できる搭載法が定式化されていた。海軍では英国式を採っていたので、ビッカース社製の7・7㎜機銃が導入されていたのである。

1930年代に入ると航空機が革新的に進歩をとげることになる。複葉から単葉、鋼管羽布張りから全金属製へと変わり、急速な性能向上の時期を迎える。このため、従来の7・7㎜機銃×2では不十分ではないかとの懸念が生じることになる。

九試単戦が複葉の九〇式艦戦改と格闘戦を行い、圧勝してから約半年後の昭和11年6月、曽根技師は横須賀航空隊の間瀬空曹長を訪ねたところ、重要な情報を聴取し、これを名航の服部譲次課長に報告した。

――現用ビ式7・7㎜機銃にてモノコック胴体を射撃する実験を先日横空にて実施されし所、普通のデュラル板張り胴体（板厚不明）にては、弾丸の入射角αが10°以下にては、弾丸は表面を滑るのみにて貫通せず。

よって、金属製外板を有する機体に対して、ビ式7・7㎜機銃にて後方よりの射撃はあまり効果なき事となれり。

12㎜以上の弾丸なれば如何なる入射角にても貫通す。

上記の事実は、将来の空戦及び兵装上大いに考慮すべき問題と思わるとの事なり。


航空機が金属製モノコック構造へと進歩することに伴って従来の7・7㎜機銃では威力が低下することが懸念されていたが、横空の射撃実験により、入射角10°以下では跳弾となることが明らかになった。このことは、空中戦で相手の後方に回り込んで真後から射撃する場合、必然的に入射角が小さくなり効果が大きく下がることを意味しており、戦闘機に搭載する火器は、早晩、大口径機銃に移行する必要があることを示唆していた。同時に、12㎜以上の弾丸であれば有効であるとの結果もまた重要であった。実射撃で7・7㎜機銃の威力が不十分であることを明確にしたことは大きな意味があった。

エリコン20㎜機関砲の導入

航空本部では、大口径の機銃が求められた状況に対応して調査を開始していた。いくつかの候補のうち、スイスのエリコン社製20㎜機関砲が有力であることが在仏駐在武官の情報として

ビッカース7.7 mm 機銃を国産化した九七式七粍七固定機銃　©野原茂

エリコン FF20 mm 機関砲を国産化した九九式二十粍一号固定機銃一型
於：靖國神社・遊就館　©野原茂

入ってきた。

エリコンＦＦ20㎜機関砲は戦闘機搭載用として初速を６００ｍ／ｓに抑えて、軽量であるが弾丸は炸裂弾であるため命中すると大きな威力が期待できるものだった。

サンプルを輸入して詳細を調査した結果、戦闘機搭載用機銃として最適と判断された。一方で、輸入に全面的に依存して調達すると機関砲の数量で搭載する戦闘機の機数が他国に推定されるとの懸念から、民間会社によってライセンス生産する方針を採った。

また従来、海軍では航空機用機銃であっても艦政本部が所掌していたが、今後、航空機の急速な発展動向とその対応を考慮すると航空本部で所掌する必要があるものと判断された。幸いこれは、航空本部技術部長の原五郎少将ならびに航空本部長である山本五十六中将の賛同を得ることができた。炸裂弾搭載の威力を日本海海戦の下瀬火薬の威力を経験したことから是としたのかもしれない。海軍の要請により昭和13年、寺島健浦賀船渠社長が富岡兵器製作所を興して生産を開始している。翌年、同社は独立して大日本兵器株式会社となり本格的生産に移行する。このような経緯を踏まえて、７・７㎜機関銃に代わる次世代の搭載火器となる20㎜機関砲が準備されることになる。

このように海軍は将来の技術的な課題を事前に洞察し、導入する方式を定め、製造する会社を創業するまでをトップダウンの形で強力に推進していく。さらに所掌する組織を、20㎜機関砲の導入を渋る艦政本部から航空本部に移管する荒業を断行している。これこそ強いリーダーの指導力の賜物といえるだろう。

九六艦戦への20㎜機関砲の搭載

海軍は九試単戦を量産して戦力化を目指したが、装備する候補エンジンの信頼性には問題があった。そこでまずは馬力低下を覚悟して量産を始めたのが一号艦戦、続いて馬力を向上させた二号艦戦へと移行していった。本格的な量産機としては二型として要求がまとめられた。その中には、エリコン20㎜機関砲の翼内装備が盛り込まれていた。その要求に応じて、主翼内への装備の検討が開始された。

まず昭和10年11月に曽根技師が空技廠兵器部に行き「エリコン機関砲」について話を伺う、とある。

——兵器部　小貫大尉より、エリコン砲の反動力は、150kg位と云われているが、設計時は、400kgとみるが至当ならんとの事なり。

根拠を示さず、設計時の反動力を400kgと示されたので曽根技師は当惑していたものと思われる。

続いて昭和11年1月、エリコン砲の不明事項を兵器部に質問のために空技廠兵器部を再訪している。

カ14二型に装備すべきエリコン砲の装備要領の不明の点を兵器部工務課長井土中佐及び大野技手に質問せるも、別紙の如き内容を聞き得たるのみにて、実際装備に必要なる資料は得ることができず又、装備系統図を示されるのみにて砲操作に要する各種付属器具は全部会社にて設計するようにとの事なるも各器具に対する構造、主要寸度に関しては、的確なるご指示なく、このままにては直ちに設計に着手し得ざる程度なり。

エリコン砲翼上装備は勿論、エリコン砲自身の実験も未済の様子にて兵器部にてはエリコン砲及び操作装置の機体に装備すべき位置等に関しては、何等明確に指示なく、適当に取付け置くように申し聞けありたるも、結局、大略の設計計画は為し得るも細部の設計はなし得ざる事判明せり。

非常に厳しい報告内容である。エリコン砲を装備するに際して必要な諸元を入手することができないため、愕然とした曽根技師の様子が報告の中に見え隠れしている。空技廠兵器部の担当部員が適切な指導力を発揮できていないことが明白であるが、元を正せばエリコン砲の所掌を航空本部に移管したことの影響とみるのが妥当であると思われる。組織のトップが果敢な決断をしても現場レベルでは、変革に直ちに追随できずに指導・管理が十分でない、さまざまな問題が生じたと考えられる。

さらに昭和11年6月、エリコン砲の反動力についての報告がある。

目的　カ14二型エリコン砲反動力の件

エリコン砲反動力の件に関し、6月29日空技廠飛行機部に出頭し、岡村部員、鈴木技師に面会したる折の状況下記の如く御報告申し候

九六艦戦二型に装備すべきエリコン砲の反動力に関し、従来の経緯並びに現在設計終了、工事進行中のものの計算上の強度につき御説明し、砲取付部構造に対する強度御要求並に御意見を御伺いせるところ次の如き御回答を得たり。

エリコン砲の反動力に関しては、兵器部より実験結果500kgなりと云って来ていたが、此れが支持部に来る静荷重と見做して良いかどうかは疑問なり。此の件に関しては尚研究の余地ありと思う。然し、今は此れを静荷重と見做して設計するより致し方なし。

又、反動力に対して何程の安全率を保有せしめたれば宜しきかは、此の問題に対する資料が乏しく現在、何等適確なる数値を示す事は出来ぬ。「カタパルト」にては、反動力に対し安全率を2倍にしているからエリコン砲反動力に対し4倍の安全率を見込んであれば十分ならん。

中島九五戦闘機にては、現在取付部強度を1500kgまで持つ強度を有していれば現状の儘にして工事を進捗して差し支えなし。

尚、取付部構造の強度計算書を提出されたく。

空技廠の兵器部での聞き取りでは、装備するための設計要求値が決められないため、飛行機部の担当者に助言を求めている。５００kgという数値を鵜呑みにするのではなく、カタパルト射出荷重の安全率などをみながら妥当な数値を導いている。とりあえず飛行の安全を確保することを優先し、空中発射試験で反動力などの数値を取得することにしたと思われる。

関連した活動として、曽根技師は昭和10年7月に翼内機銃搭載について、ノースロップ機を調査している。

目的「ノースロップ」翼内機銃取付装置の見学場所　空技廠　実験部

「ノースロップ」の翼内機銃取付要領を実験部格納庫に於いて見学す。

機銃は外翼内に装備せられ前縁より挿入し、弾倉は翼下面より着脱す。

翼下面及び上面に多数の大なる手入れ窓を有し、着脱・調整に便なる如く作りありたり。

ノースロップの機銃搭載方式を見学して、機銃着脱、照準調整、弾丸装填および整備点検など多くの事項について有益な情報を得ることができたと思われる。

エリコン砲の諸元を確認し、翼内機銃装備の実例を確認するなど、必要な情報を収集して搭載設計は実行されたが、いきなり二型に装備するのではなく、九六式一号艦戦に搭載して空中試験を実施し評価することに方針が変更されている。昭和11年8月の報告にこのことが記載されている。

目的　カ14二型　エリコン砲装備の件
場所　空技廠　兵器部

兵器部にてエリコン砲操作装置に就き会社にて立案せる装備方法全般に付御説明せる処、下記の通り申し聞けありたり。

九六式艦戦第2号機を兵器部の手にて今週中に整備し来週中に空中射撃試験を実施する予定なり。

次の点は、不具合に付会社にて改修され度と申し聞けありたり。

外装上面にある砲取付用手入れ窓は小さ過ぎ、砲取付ボルトの着脱に不便を感ずる故、拡大され度。外翼下面手入れ窓も同様なり。


実際に砲を搭載してみると、着脱、調整、整備で点検扉のサイズがやや小さく、改善を兵器部から要望されたが、その改善については開発に対する飛行機部と兵器部の主導権の問題、あるいは一旦納入された機体を会社側が勝手に改修することの問題が生じている。

実際に点検窓を拡大する修作業を請け負っている横須賀の加藤定彦技師から、堀越技師への質問に曽根技師が回答している。

表題　カ14二型の件

二型エリコン砲の艤装は中々手数がかかる事と存じます。色々面倒を見て戴いて感謝しています。堀越技師宛て貴信拝見致しました。下記の如く御回答申し上げます。

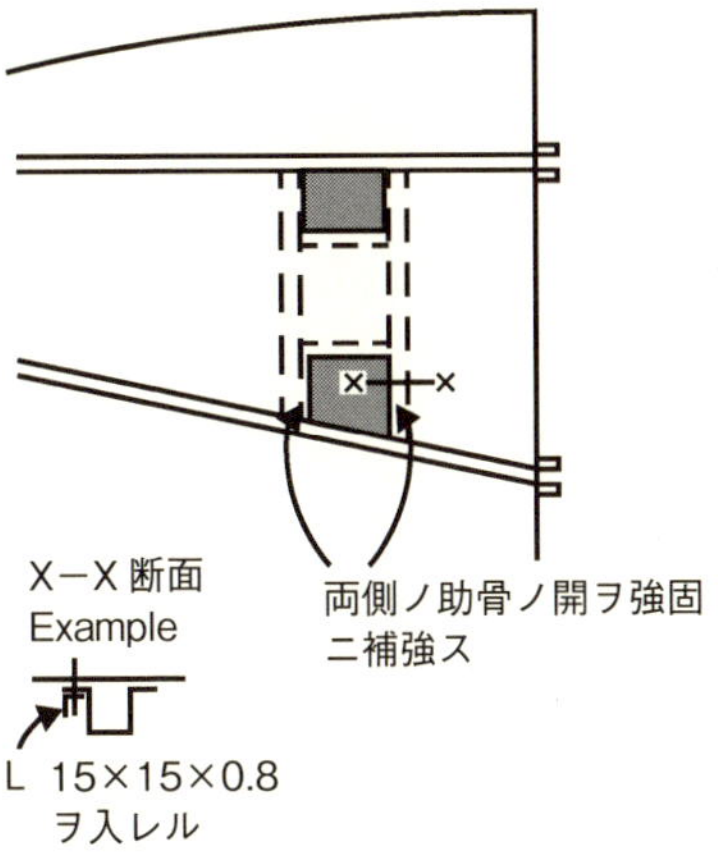

手入れ窓拡大のため肋骨補強方法　曽根資料スケッチより作製

外板の手入れ窓を拡大する件ですが、拡大した孔の周を鞏固に補強し、特に両側肋骨の縁の補強を充分すれば強度上は差し支えなしと思えます。此の部分の孔を拡大せるための強度の低下は翼の曲げモーメントに対してはあまり重要ではありませんが、捩りに対し剛性並びに強度の低下は考慮すべき問題です。然しこれは計算で結果を推算する事に随分難しき事で、正確な事は実際に荷重試験等を行って計測するより他はないと思います。（現在のものは荷重試験済みＯＫなり）然し、両側の肋骨が外板を切ったために早く「バックル」する傾向を防ぐため、肋骨の補強を充分に行って外板には頼らない方針で行けば孔を拡大する事はお申し越しの寸度なれば心配ないと思われます。この問題、飛行機部の方は色々な資料を持って居られ、計算をして推定されることも出来るかも分かりませんから、飛行機部の方々のご意見を充分御伺いして見て戴き度いと存じます。

翼に開口することで、曲げモーメントは重要ではないが捩りの剛性・強度の低下を考慮すべきと方針を示し、計算が難しいので要すれば荷重試験で確認すべきことを提案している。特に外板を切ったため座屈する恐れがあり、十分な補強をすべきことが指示されており、問題点がよく整理されていることが分かる。さらに、飛行機部に対しても十分意思疎通を図るように回答している。

このような経緯で2機がエリコン砲搭載用に改修され、空中発射試験に臨んだ。今までの胴体装備の機銃より翼内装備では射弾散布が大きくなることが懸念されていたが、上下方向には分散はなく、水平方向にやや拡散する傾向となる結果が得られ、左右の砲発射による偏揺モーメントを抑えるため、機体には十分な方向安定を付与する必要があることが判明した。この結果は後継機となる零戦の開発に活かされている。

艦上戦闘機に20㎜機関砲を搭載する試みは、九六艦戦二型計画で試行されて、十分な技術資料を取得することに成功している。また初速が低く、携行弾数が少ないとの技術的な課題についても国内生産であることで逐次、改善のための研究が実施され、長口径化、弾倉の大型化、ベルト給弾等へ進化していく。海軍中央の将来を見越した施策は着実に成果をあげたといえるだろう。

ジェット戦闘機時代12・7㎜から20㎜への転換

ここからは、話が横道にそれるが、曽根技師が7・7㎜機銃の威力は、金属製モノコックの航空機に対して非力であるという試験結果を示されたことについて、米軍が朝鮮戦争で同様の経験をしている。

朝鮮戦争では最初のジェット戦闘機同士の空中戦が起こった。中華人民義勇軍マークの付いた後退翼戦闘機ミグ‐15の登場である。米軍のF‐80などの直線翼のジェット戦闘機では歯が立たず、新鋭の後退翼戦闘機のF‐86セイバーを投入して制空権が争われた。主としてパイロットの錬度の差などにより、ミグとセイバーの撃墜比率は1：10のスコアとなる。

しかし、12・7㎜機関銃6梃装備するセイバーがミグを1機撃墜するのに要する弾数が200～300発という結果に驚かされる。ジェット機となり、外板の厚みが増したこと、および胴体の曲率が強くなったため外板を貫通できなくなったと判定される。これ以降、装備する機銃は20㎜に移行してゆく。センチュリーシリーズの戦闘機にはF-104から20㎜のバルカン砲M-61が装備されている。これが今日まで戦闘機に装備する標準火器となった。

ジェット機の時代になり機体の外板が厚くなり、より大口径の機銃に換装することが促進されたのである。

九試単戦を改修して量産機とする過程でエリコン20㎜機関砲を搭載することが計画された。海軍の航空本部では航空機が全金属製に進化するのに伴い、従来の7・7㎜機銃では威力がなくなることを見通していた。エリコン20㎜機関砲は炸裂弾を使用しているので、威力は大きく、初速を下げているので割合と軽量で戦闘機搭載に適合すると判断された。

九六艦戦の2機が機体改修でエリコン砲を搭載し、空中発射試験を実施して、やや射弾散布が左右に広がることを除けば満足すべき成果を得ている。この成果が次の零戦開発に活かされることになる。零戦が戦闘機、爆撃機など、どんな機種と遭遇しても強力な火砲の威力を発揮できたのは、トップダウンで将来必要な装備品を導入する先見性と決断力の賜物であった。

第5章　九六艦戦の改善要求

九六艦戦は、航空機の急速な進歩・変革期にあって、制約の多い実用艦上戦闘機をいきなり目指すのではなく、まず性能を重視した試作機を実現し、その後に実用に適するように機体に必要な改修をするという、手堅い方針のもとに進められた開発であった。

試作機が期待以上の素晴らしい速度・上昇性能を発揮し、さらに現用の複葉戦闘機を格闘戦で圧倒する能力を発揮したため、この機体をベースにさまざまな実用上の要求事項を盛り込む検討会が開発管理を担当する空技廠を中心に実施された。その内容が九六艦戦二型の要求としてまとめられた。

その一方で、日支事変の勃発により本機の戦線投入の必要性が高まっていたため、それに応えるべく、出力は低くなるが信頼性の高い「寿二型改一」を装備した機体が九六式一号艦戦として制式化され、量産が開始された。試作7号機以降の機体がこれに該当し、戦線に投入され目覚ましい活躍を見せ、さらに36号機以降は、出力が向上した「寿二型改三Ａ」を装備した九六式二号一型艦戦に生産を切り替えられた。

二型の要求事項は、本格的な実用艦戦を得るべくまとめられた内容であった。風防に密閉式を採用、胴体を拡幅してカウリング後方の気流の剥離を防ぎ、不具合の多かった主脚を改設計して頑丈なものとしている。これが九六式艦戦二号二型である。76号機以降生産に入り、本格的な量産型となるはずであった。

ところが、二型を部隊に配備すると、多くの搭乗員から「後方視界がよくない、密閉式風防ではだめだ」というクレームが付き、早々に風防の摺動部を撤去することになった。しばらく、風防、ヘッドレスト部の形状を試行錯誤し、さらにエンジンを換装して九六艦戦の最終版といえる九六式四号艦戦の生産となった。この型が九六艦戦の決定版となり、大量生産されて素晴らしい活躍をしたのである。

九試単戦のカウリング第2案

九六艦戦の試作機である九試単戦は1号機が飛行する前からカウリング形状には議論があり、ヘッドカバーをクリアするイボ状整形張出し付のカウリングを装備する準備が進められていた。昭和10年2月に製作部門の福井技師にその指示を出している。

——　福井技師　殿

カ14　タウネンドリング揺延覆承の件

タウネンドリング第2案用揺延覆承（２０３５）及び締付金具（２０１９）の設計変更となりたるものを製作して目下各務原にある現物のそれと交換致す事となりましたから

上記部品製作方　御願致します

曽根

九試単戦は、速度性能に重点をおいて試作が進められ、カウリング形状も通常のタウネンドリング（タウネンドリングは、空冷エンジンの空気抵抗を減少させるため、星形配置のシリンダー頭部を覆う整流カバーで、剥き出しのエンジン外部が整流されるため抵抗が減少する。陸軍の九一式戦闘機、海軍の九〇式艦戦などが代表的な適用例である）とイボ付小径のカウリングが準備され、飛行試験を実施している。後に空技廠も量産型の九六式一号艦戦が大幅に速度性能が低下したので、カウリング、胴体形状に着目して種々の検討を実施している。

九六艦戦二型の改善要求

九試単戦の期待以上の高性能ぶりに海軍側は驚喜したが、速度性能を優先しているので実用の艦上戦闘機として使用するためには十分な強度の降着装置、浮嚢などを装備する必要があった。

日支事変の勃発により、出力は下がるものの信頼性の高い寿二型改一を装備した一号艦戦の量産を昭和11年春から開始して戦線に投入された。並行して本格的な二型を量産するため、必要な改修事項がまとめられた。

昭和11年9月15日の所長報告に九六艦戦の改修事項に関する会議がある。

目的　九六艦戦要改修事項（第1次）の打ち合わせ会議
場所　空技廠　飛行機部
出席者　実験部　跡部少佐
飛行機部　鈴木技師　山名技師

別紙の如き改修事項を示され、各項目に就き、内容の説明ありたる後、各項目の対策、並びに実施機番に付き、協議せり。各項目は、既納の機体にては既に大半実施済みにして、又、第12号機以降にも既に実施済みもあり、概して小改修に止まるもののみなり。項目中対策の未定のもの、又は考究の上決定のものは会社にて立案の上、来25日までに要領図にて承認用として提出方申聞けありたり。

九六艦戦は、量産機の立ち上がりと並行して機体改修の要望と取りまとめを開始しており、上記のように本格的な改修事項については会社側で立案するように要求されている。

曽根技師たちは迅速に要求に対応し、具体案を山名正夫技師、鈴木為文技師に提出している。

ここに登場する山名技師は、堀越技師の東大航空の2年後輩で、昭和14年に海軍空技廠に入廠した。優れた空力、構造など、飛行機設計全般にわたる高い見識により愛知の九九式艦上爆撃機の自転などの不具合対策を指導し、優れた機体に仕上げる。その後、高速艦上爆撃機「彗星」の主任設計者を担当し、昭和18年には東大教授を兼務発令されている。後に、海軍で一緒に仕事をされた中口博先生と共著で「飛行機設計論」という名著を出版されている。

その山名技師が九六艦戦を担当され多くの指導をするなど、深く関わっていることが曽根資料により明らかになっている。

日時　昭和11年９月25日

目的　九六艦戦　第１次改修事項に対する具体案提出

場所　空技廠　飛行機部

面会者　山名技師　鈴木技師

去る14日指示ありたる九六艦戦第１次改修事項に対する具体案を提出し、各項目に就き御説明申し上げたり。

此等各案は、飛行機部及び実験部にて改めて協議されて調整の上、実施すべきものを決定の上、後刻会社へ通知さる事となりたり。

別に、山名技師より寿二型改三A装備（筆者注：九六式二号一型艦戦のこと）のものに対しタウネンドリングの視界を良好とし、且つ、性能向上をはかる目的のため発動機の揺せん覆部（筆者注：ヘッドカバー部のこと）を打出したるものにて径を成るべく小さくしたるもの試作方、依頼ありたり。

これは、実験部の要請により4、5、6号機中一機に装着実験されるものにして、正式注文の発せらる筈なり。

帰名後、この完成予定を調査の上なるべく早く山名技師まで通知する様申聞けありたり。


山名技師は着艦時の視界向上と抵抗減少のためエンジンのヘッドカバー部を流線形に成形して取付け、カウリングの直径を縮小したカウリングを作るように指示している。一号艦戦が馬力低下以上に速度性能の低下があり、カウリング形状を改善して剥離抵抗を減少させる必要があると考えたものと思われる。

その試作を直接要求しているので、曽根技師が「正式注文の発せられる筈なり」と記載しているのが興味深いところである。山名技師は急降下爆撃機の研究のためドイツに派遣され、ハインケルHe118機を購入し、さらにローゼンハウゼン繰返荷重疲労試験機を注文している。これらからみても、山名技師には大きな権限をもたされていたことが分かる。

曽根技師から山名技師あての書簡
（昭和11年10月19日）

九六艦戦寿二型改三Ａ装備用新型タウネンドリングに関する件

拝啓
去月二十四日、貴廠出頭の際、御下命賜りたる頭書新型タウネンドリングの製作図、完成し候此許御送付申し上げ候。
図番及び名称は、左記の通りに御座候間御一覧の上何分の御指示賜り度御願申上候。実物は目下図面通りに取り急ぎ製作中に御座候。猶、本タウネンドリングの承認図は正式御注文を賜りたる後、御提出致す事にし、準備致居り候間、御了承賜度御願申上候。
敬具

記

図番　名称
2231　タウネンドリング組立

2232　　タウネンドリング詳細
2233　　バッフルプレート改修要領図
2234　　集合排気管

三菱は山名技師の指示に対して素早く対応し、その図面を作成して送付し、カウリングの組み立てに掛かっている。

目的　九六艦戦（寿二型改三A装備）要改修事項に関する会議
場所　空技廠
出席者　空技廠　飛行機部員
　　　　実験部員　兵器部員　横須賀航空隊
　　　　会社　堀越技師　国井技師　曽根技師

九六艦戦（寿二型改三A装備のもの）に対して改修事項（案）41項目を提出され、各項目の説明ありたり。
改修事項中にて既に実施済のもの又は、小改修にて直ちに実施可能のものも含これ居りたるも本会議の項目中の重要事項（主として機銃関係、発動機関係の艤装に関するもの）は、何れも根本的に改造を要するものにて、単に改修に止まらず大改造を実施する要あるものなり。
　これが為め、現用機に可能なる対策を施して一時を凌ぐか、今より直ちに大改造計画を行い改造機に対策を実施するやの議論ありたるも結局本問題に対しては、改めて会議を開催することとし、その折には対策に対して会社にて作成せる具体案を持参する様申聞けありたり。
　本日は、改修各項目の説明及び審議に止め、之等の対策の決定及び実施の要領は、次回に開催の会議にて行わる事となり閉会せり。

まとめられた改修要求で機銃関係、発動機艤装関係に対応するためには、改造規模が大きくなることが明らかになり、この会議では結論を出さず検討を進めることになっている。具体的な改造内容は、会社側にて対応案を作成することになった。

日時　昭和12年2月20日
目的　九六式艦上戦闘機改修会議
列席場所　空技廠
列席者　航空本部　和田少佐
　飛行機部　岡村中佐　松浦大尉　其の他
実験部　桑原大佐　山本中佐　跡部少佐

兵器部　藤松中佐
横須賀航空隊　中野少佐　其の他
計16名出席さる
会社　堀越技師　曽根技師　畠中技師　国井技師

去る一月二十九日空技廠より指示ありたる九六艦戦要改修事項（第二次）の各項目に対し、会社にて立案せる具体策を逐一説明申し上げ、この審議後、各項目の対策を決定さる。

殆ど全項目に対し、対策の決定を見、十二年度改造機の木型及び実物設計の資料も指示あり。直ちに設計に着手し得る事となれり。

堀越技師以下出席のもと、会社側で作成した対応案が承認された状況がよく分かる。改修規模が大きいため木型も製作されることになっていることが注目される。

キ一工（筆者注：機体第一工場）計画　木村技師　殿
カ14　改造胴体用　ストリンガーの件

12－3－4に打ち合わせました頭書ストリンガーは、海軍制式ZZ0106を使用致すように決まりましたが来る二十一日に行われる木型審査にて胴体の形状に大変更を命ぜ

九六式二号二型艦戦　密閉風防型　於：百里原基地　ⓒ野原茂

られるかも分らない状態になって来ましたので、若し、胴体基礎形が計画のものと大変変わる事となれば、上記のストリンガー型材では間に合わなくなります。

以上の事情を御含みの上、材料整備の御手配御願申上げます。

海軍側の要求を満たすためには胴体を再設計して太胴に変更せざるを得ず、製造用に用意したストリンガー型材では間に合わなくなることを計画の木村技師に連絡している。

以上のような経緯で発動機覆い部は、タウネンドリングから後方を絞り込まないＮＡＣＡ型カウリング（空冷エンジン機の抵抗を減少させるために空冷星形エンジンのシリンダーを覆うカバーが工夫され、タウネンドリングと呼ばれて実用化された。米国のＮＡＣＡではタウネンドリングからさらに発展させ、カウリングを前後に延長し内部流にも整流板を使用したものを案出した。これがＮＡＣＡカウリングであり、抵抗がカバーなしから40％低減する効果があった）にカウルフラップ（カウルフラップは、空冷エンジン装備機のカウリングがエンジンの高出力あるいは複列化に伴い、エンジンに流入する空気流をバッフルプレートなどで整え、冷却効果を高めるためカウリング後端面に開閉して気流の流量を調整する機能を付与するために考案された機構）を装備し、胴体を太くしてエンジン後方から気流の剥離を抑制する形状に大改修することを断行した。同時に風防も解放式から密閉式に変更され抵抗減少が図られている。これは山名技師が主導する改修であったものと推定される。

二型は昭和12年夏に完成し、社内飛行試験を開始してデータを取得してみると、性能は予想を下回ることが判明した。9月15日付けの所長報告には、次のような記述が見える。

> 二号一型に対し、二号二型の性能が劣る原因調査のため、両者実物胴体に就き風洞試験にて抵抗の比較をさるる事となり、目下二号一型の試験中にて16日より20日まで二号二型を試験する予定なり。

二型の性能が一型を下回ったことは意外なことであった。空技廠ではただちに実機の中央部分を設置して試験ができる、新設の中型風洞（計測部7・5ｍ×7・5ｍ）で風洞試験を実施する

ことを決定している。

三菱は実物の外翼を外した形状で試験を実施できる最新鋭の大型風洞（中型風洞との名称であるが、今日のＪＡＸＡの大型低速風洞より計測部が大きい）を使用した対策をすぐに開始した。二型の新形状には、まだ細かいミスマッチがあったものと思われる。

九六式二号二型艦戦はこのような経緯を踏まえ、海軍に領収された。

日時　昭和12年10月6日
目的　九六艦戦76号領収飛行
場所　各務原格納庫
領収飛行に来名されし、空技廠吉富大尉よりの申聞き事項、次の如し。
・フラップカウルの効果大ならざるため更に改造型を製作し装着実験の要あり。

領収飛行をした吉富茂馬大尉から、シリンダー温度を調整するカウルフラップの効きが十分ではないことが報告されている。まだ細かく調整する必要があったようである。

海軍側に二号二型が受領され運用が開始されると、大きな問題が明らかになった。密閉式風防を採用したため、後方視界が大きく制約されるという問題である。

日時　昭和13年2月2日
目的　九六式二号艦戦二型の後方視界を良好ならしむため、風防を廃し遮風板及び背鰭変更に関する件
場所　空技廠　飛行機部
（本多業務主任よりのお話し）
・先日の会議にて、九六式二号艦戦二型は、後方視界を良好ならしむため、風防式天蓋を廃し遮風板のみとし、背鰭の形状を二号一型と同形式に改めることに決定せり。鈴木部員と御打合わせし又は聴取したる事項
・背鰭の形状は二号一型と同要領で少しく低きものが良好なり。空技廠製作の木型の形状なれば視界問題は解決する故これを参照の上、抵抗少なき線図を引き形状を決定のこと。空技廠の木型線図は貰受けて帰社せり。（木型は実物をも見学し来れり）
・遮風板は取敢えずは二号一型と同様のもの（5枚式）で製作して可なり。但し、硝子の厚さは6・0㎜程度とし枠骨組を丈夫にすること。
・基本線図は空技廠製木型に依り全体として成るべく抵抗を減らす様に形状を決めること。依って遮風板は二三種試作してみる要あらん。
・此等の改造を至急1機につき実施し、飛行試験及び空技廠中型風洞で視界及び抵抗を調査研究し将来機の対策を決定す。

・将来機は最当たり隔壁を円く作りおき（背鰭部凸りなき形状）背鰭は後から装着する様準備しおくこと。
・背鰭及び遮風板の改造を実施する実験機及び将来機の機番（製造番号）に就いては二三日中に航本より和田部員出張され打ち合せある筈。

二号二型は早期に実戦に投入する必要があったため、抵抗の減少に関する機体形状などについて重点をおき、視界など木型審査で詳細に検討すべき課題が検討不十分であったかと思われる。このため解放式風防に戻す決定がなされ、風防、ヘッドレストの形状についても多くの試行錯誤が繰り返されたのである。このような不具合対策を踏まえ、九六艦戦は実用機として成長し、搭乗員の強い支持を得、九六式四号艦戦として大量に生産されたのである。

この二号二型の開発について、曽根資料からは相当の苦心が見てとれるが、堀越技師は著書で「七十五号機以降、胴体の幅をひろげ、ＮＡＣＡカウリング、カウルフラップをとりつけ、全覆式風防をもつように改造した二号艦戦」としかふれていないのが興味深く思える。

九六艦戦の開発は、まず試作機で性能を追求し、その後、実用機として適合するように改修するという段階を踏んでいる。このやり方は後年、米空軍のＹＦ-16とＦ-16との開発経緯と軌を一にするものである。両機は、それぞれ傑作との高い評価を獲得している。

空技廠の山名技師が愛知の九九艦爆の開発に先立ち九六艦戦に深く関っていたことが曽根資

料により、具体的に知ることができ、機体の性能向上のため丁寧に指導をしていたことがうかがえる。それでも抵抗の減少などは一筋縄ではなく、飛行してから不具合対策に風洞試験を行い、よい実用機に仕上げたことが分かる。

この資料に記載された内容をたどることにより、九六艦戦の開発の過程、技術的な課題が理解できたように思われる。

第6章　九六艦戦操縦系統の剛性と適用規格

零戦の素晴らしい操縦性の「隠し味」として昇降舵系統の操縦索に発条のように力を加えると伸びる性質をもたせ、高速でも低速でも舵の効きが変わらない剛性低下操縦方式は、坂井三郎などの練達の搭乗員からも絶賛された技術であることはよく知られており、戦後、堀越技師の学位論文のテーマともなった。

その技術の適用は当然、零戦が最初と思っていたが、曽根資料を読むと九六式二号二型艦戦の強度試験機時点から適用されていることを知ることができた。

第6章は、この剛性低下操縦方式を取り上げる。

九六式二号二型艦戦の剛性試験の結果

九試単戦は試作機として開発されたため、強度試験用の#0号機は省略されている。1号機に制限荷重内の負荷をかけて確認した程度ではなかったかと思われる。

九六艦戦の本格的な量産機となった二号二型の製造が開始され、その2号機（三菱77号機）を使用して正式な強度試験が実施されている。

昭和13年7月、曽根技師は空技廠で飛行機部の鈴木順二郎部員と面会し、九六艦戦に関する操縦装置剛性試験の結果を聞き、その内容を所長に報告している。

・操縦装置剛性に関する件

九六艦戦二号二型（三菱77号機）の操縦装置剛性試験の結果、昇降舵系統の剛性は、規格に合格せず、他機に比し最下位にありたり。

航空機の強度試験は、まず操縦系統の剛性試験から始めるのが通例である。二号二型は昇降舵系統の剛性を下げており、これが規格の規定を下回るものであったことが分かる。海軍の強度規定では「舵面を固定して操縦桿に規定の荷重をかけたとき、操縦系統の撓みによる操縦桿の移動量は、操舵のための操縦桿の12・5%以下であること」となっていた。

また堀越技師の著書によれば「戦闘機の昇降舵の高速における効きすぎ、重すぎと、低速における効き不足の対策が、九六艦戦を使って社内で飛行試験された」とある。この時は可変レバー機構を装着している。この方式はパイロットからは、有効であるが、可変レバー機構方式は煩雑であるとの評価であった。

今後の機体には操縦装置の補強の要ありとの御所見に対し会社側の希望として、空技廠に於いて、一機に補強対策を御実施の上、飛行試験により、剛性向上が機の運動性に如何なる効果あるか御研究願い、生産機に補強対策を実施する場合は、工事進捗に相当大なる影響あること及び機体の重量増加を御考慮の上、有効適切なる補強対策を御指示賜度旨申し出たり（当所に於いては、本補強対策を実施するに当たり、生産機の工事の進捗及び重量増加を考慮せば果たして此等を償い得る利益ありや疑問にして補強の必要性をも併せて御研究賜度と申添へたり）

操縦装置を補強の要ありとの所見に対し、曽根技師は強く反論している。操縦系統の剛性を規格に合わせて上げると、どんな影響が出るのか飛行試験をして研究してほしいと述べ、量産機に反映すれば、どれだけ工事を阻害するか、また機体の重量増加の影響をどうするのか。剛性を上げるメリットがないのではないかとの主旨であった。この筋道の通った反論から、曽根技師は剛性低下方式に対して、技術的に十分な理解をしていたことがうかがえる。

空技廠にては、之に対して剛性の規格に適合し居らざるも、現在程度にて操縦者からは本機は、別に運動性に不都合なしとの所見なる故、早急に現在機を改修し、又は生産工程にある部品等を改造し工事の進捗を妨ぐる様なる補強工事又は改造工事は必要としない但し、剛性の他機に比して最下位にあるは不都合なる故、生産機作業を妨げざる将来機には補強を実施しおき度し補強要領は三菱にて工事の進捗、重量増加を考慮し、適宜決定し実施し可なり。

補強程度も規格に合格するまで補強の必要なく従来の一般機体と同程度（変形量15〜20％付近）まで高めれば良いとの御所見なり。

空技廠側としては思わぬ強い反論に驚いた様子が見て取れる。操縦者からは現状の操縦性でよい、との所見が出されているため早期の対応を要しないとの見解を示している。また量産を開始した機体の工事の進捗を阻害するのも本意ではなく、ただ他機と比較して剛性が最下位であるのがよろしくないため、会社の都合のよい時点で補強されたいとのこととなった。

問題は剛性が低いことが技術的な問題を生ずるか否かではないのである。フラッターなど、空弾性の有害な性質がなければ、あえて規格を守らなければならない必要性はないことは明らかである。

九六式二号二型艦戦の昇降舵系統の剛性低下は、その後どう処置されたのであろうか。残念ながら、これ以降の曽根資料の中では触れられていない。

後継機、零戦の試作機A6M1の強度試験の報告には次の記述がある。

「舵面固定、操縦桿規定荷重操作力負荷にての撓みは、全操作範囲の約13・8％にて異常を認めず。引き続き方向舵操縦装置剛性試験を実施す。舵面固定足桿に規定操作力負荷の場合の撓

み は、全操作範囲の約19％にて撓み量、多少過大の気味あり」と報告されている。操縦桿負荷は昇降舵系統の意味と解釈できる。よって、この剛性を規定値の12・5％に近づけたと読める。本機では当初から操縦系統の剛性を2種類用意していたから、剛性の高い場合の数値となる。

一方、方向舵を操作するフットバー系統の剛性がかなり低くなっていることが注目される。九六艦戦の昇降舵系統の剛性は、どうなったのであろうか。

剛性低下方式、発想の原点は

零戦の優れた操縦性は昇降舵系統の剛性を低下させる方式を採用することで、パイロットが望む舵効きを実現している。

堀越技師によればこのアイデアは1号機の社内飛行試験時点のパイロットの指摘に対応して「空気力学的、弾性力学的に掘り下げて思案してみた」と記述されているが、もっと以前にこの問題について考えていたことは明らかである。そのきっかけは何だったのであろうか。

堀越技師の先輩の本庄季郎技師が設計を取りまとめた九六陸攻の先行試作機の八試特殊偵察機について、次のような記述がある。

「操縦装置の剛性がはなはだしく不足していた。強度は十分だが、舵面から長い道中を経て操縦桿まで操舵力を伝達する間に索の伸びとか、捩り管の捩れとかが重なって、動翼に、飛行

九六陸攻一型　美幌空所属機　於：中国大陸上空　©野原茂

時の風圧が加わった時には、操縦桿を一杯取っても舵は予定の半分の角度も動かない」しかし、「操縦装置の剛性不十分から出発したにもかかわらず、操縦性が極めてよいといわれた」。

本機は早くまとめるためにユンカース社の標準部品を使用したため剛性が不足したといわれている。操舵角の半分も舵角が取れないにも関わらず操縦性が優れていることは堀越技師も「なぜだろう?」と興味をもったのではないだろうか。さらに本庄技師は舵の効きを良好にするため、動翼の大きさを翼の弦長の約25%とするのがよいことを見出している。九六艦戦にもこの数値は踏襲されている。本庄、堀越技師の間で剛性のこと、舵の効きのことなどが議論されたに違いないと思われる。

ここが、剛性低下方式の発想の原点で

あったかと思われる。

零戦に適用された昇降舵系統の剛性低下方式は曽根資料により九六式二号二型艦戦からすでに導入されていたことが判明した。堀越技師の著書からも、九六艦戦の社内飛行試験で実施されていたことが記述されている。以上のことから、従来考えられていたよりも早くからこの方式についての研究は開始されていたと考えてよいと思われる。

空技廠側から、規格を満足していないので補強するよう要求されている。それに対して曽根技師が強く反論している。

① 搭乗員が九六艦戦の操縦性を高く評価している
② 補強するため、量産の作業が遅延し影響が大きい
③ 機体も、補強により重量増加し、運動性も低下する

この反論により、会社側の都合のよい時点で補強すればよろしいと、指示が後退している。本件の議論の後、堀越技師は規格値について、その規格がどういう根拠に基づいて制定されたものかまで思いめぐらす必要があると繰り返し述べている。

九六艦戦の優れた運動性は、後継機等の要求基準となり「空戦性能は、九六式二号一型艦戦に劣らないこと」と明記される場合が通常のこととなっている。

第7章　九六艦戦の主脚不具合対策

単座戦闘機として開発された九試単戦は、低翼単葉の機体形状、全金属製のセミモノコック構造、枕頭鋲を使用した平滑な表面など、数々の新技術を適用して成功した画期的な開発プロジェクトであった。

革新的な九試単戦だが、唯一、近代化の改革が及んでいないのは脚が固定式であること、といわれていた。堀越技師の著書『零戦』の中では「引込脚を採用することで機体の完成が6ヵ月遅延する、これは競争試作で致命的であるため、極力抵抗の小さなカバー付きの固定脚を選択した」と記述されており、時間的に間に合わないために固定脚を採用したと理解することができるが、実際にはどうだったのであろうか。

保守的な設計に見える固定脚だが、細いオレオ（油圧、圧縮空気式緩衝装置）式の一本脚に整流カバーを取り付け、抵抗増大は最小限に抑えた形でまとめられており、開発期日の厳守を優先した堅実な設計方針が取られていたことが分かる。

試作1号機は逆ガルの形状であったので脚は短いものであったが、空力問題を解決するため

2号機以降は水平基準翼に上反角を付けた外翼の形状とし、脚は延長されている。

量産が開始され、一号艦戦として部隊で運用が開始されると脚関連の不具合が次々に発生し、関係者は、その対策に追われることになった。

九六艦戦の機体関係で発生した不具合の半数以上が脚関係であったとされている。この脚に関連した不具合対策は曽根資料の中でも問題の発生から解決まで詳しく記述されており、発生した不具合に対して設計チームがどのように対応したのかが明らかになった。

第7章は、この興味深い脚の不具合対策の過程を追ってみることにする。

脚の折損事故発生

九六式一号艦戦が量産を開始され、部隊への配備が始まって程なく、大村航空隊に配備した第11号機の左脚が折損するという事故が発生した。訓練飛行を実施して通常の着陸をした際に発生した事故であり、しかも、まだ80時間程しか飛行していない機体での事故であった。事故の連絡を受け、曽根技師が早速、夜行列車で現地に向かった。名航所長へ次の様に報告している。

——報　告
目的　九六式艦戦脚柱管の件

日時　昭和11年11月４日～７日
○　大村航空隊にて
寺田司令、八島副長にご挨拶をせる後、宮崎整備長より第11号機事故の状況並びに脚柱管に割れ発生せる経過及び現況に就き御説明を聞きたり。

①　第11号機事故の件
十月三十一日、鮎川三空曹が第11号機に搭乗練習飛行を行いて着陸せる際に、接地後約10ｍ位にて左脚後方に曲がりだして機体はフラフラしたるも、その儘静止する様に見受けられしが、猶も滑走を続けて約１００ｍ滑走し、遂に左脚折損し機体は左翼端をつきて静かに大きく旋回して転倒せり。

此の際、頭部保護柱取付部ボルトが取付板を破りて飛び出し、保護柱後方に傾斜せるも衝撃の大部分を緩和し、最後にタウネンドリングと、垂直尾翼にて支えられ仰向けの儘、機体は静止せり。搭乗者は負傷なし。

機体は、左翼端の一部、タウネンドリングの上面、プロペラ、保護柱、垂直尾翼及び方向舵の先端部を破損せり。

此の際の着陸は、普通の水平着陸にして、何等急激なる落下又は片車輪着陸を行いたることなし。

脚折損の原因を探求するため直ちに両脚の点検を行われたる処、左脚は折損、右脚は滑り溝の上下端に大いなる割れの発生せるを認められたり。
依って、他機体も調査されたる処、次の如し。

② 他機体の脚柱管の滑り溝に割れの発生せる状況

号機	使用時間	記事
11	45時間14分	横須賀より空輸直後に整備演習のために分解検査せるに、割れを発見せず、恐らく割れの発生に気付かざりしならん
	81時間15分	左脚折損、右脚割れ発生
8	89時間25分	両脚に割れ発生、長さ10㎜以上
9	64時間55分	同右
14	12時間0分	同右
16	3時間30分	長さ約2㎜のヘヤークラックが発生し居るも肉眼にては認め難し

③ 割れ発生の状況

滑り溝の直線部より角の丸みに移る点より発生し（裏板を鋲着せるリベットの孔に向かいて進行せるもの多し）、割れの進行方向に主として鋲孔向ひ居るものの大部分なり。

割れの発生する部分の仕上げは、仕上げ不良の感あり。鑢目が顕著に残存し居り、面の不連続と鋭角を形成し、割れの早期に生起する様に発生を誘起居る様に見受けられたり。又、上記の該部鋲孔が位置不適当のため、溝隅部の強度を低下し居るように考えらる。

④　会社での処置

第11号機の折損せる左脚を会社に持ち帰り、監督官にお見せして会社にては折損状況を充分調査の上対策を研究。

可及的速やかに具体案及び報告を航本に提出する様、宮崎整備長より申し聞けありたり。

○　佐世保工廠航空機部にて

昨日、大村にて調査せし事項を詳細ご報告申し上げたり。

本件は、既に佐世保にても調査研究をされ居りたるも更に小生の調査報告を聞かれ、又、小生の所見申し述べし所、下記の如く処置する事に決定せり。

一、大村航空隊は、待期の状態にありて飛行班は、時局に鑑み演習予定延引は不可能なり。在大村機に応急的に実施して適切効果ありと思わるる方法は、只今考え当たらぬため、目下は現在のものの儘にて飛行後、毎回点検し飛行を継続し、割れ発生せるものは補用品と交換使用す。

本項に対し小生より現品の溝の上下隅の仕上げを充分綺麗にやり直し、御使用さる

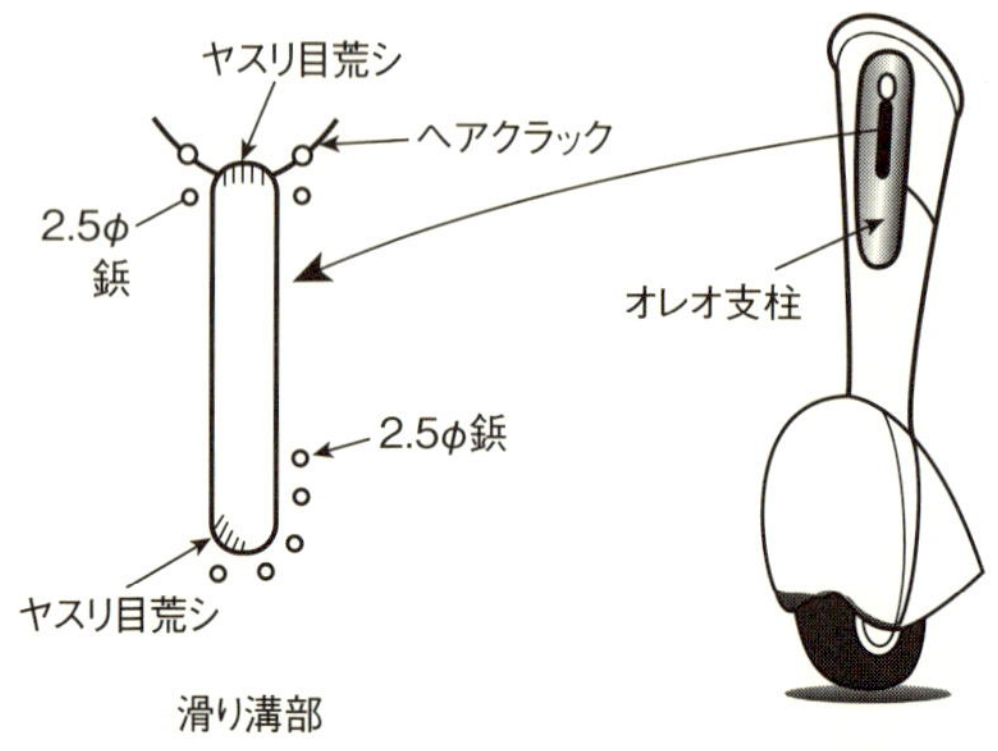

滑り溝部割れ状況　曽根資料スケッチより作製

様ご注意申し上げおきたり。
二、会社にては調査報告及び対策を速やかに航本に提出し対策決定のこと。

曽根資料によると、九六艦戦が制式化されて量産が始まり大村航空隊に優先して配備が開始されてすぐに11号機の脚折損事故が発生した。訓練飛行を終了して通常の着陸で左脚が折れる事故であった。幸い速度が十分下がってから事故が発生したため搭乗員に怪我はなく、機体の破損も最小限であった。

同機は、まだ80時間程しか飛行しておらず関係者を驚かせたものと推察される。点検すると右脚にも大きな割れが発生しており、破断寸前の状態であった。

大村航空隊に配属された機体を点検すると各機とも脚に割れが発生していることが明らかになった。滑り溝の端部の仕上げが平滑ではなく鑢《やすり》目が残る状態で応力集中が起こり早期にクラックが発生したと推定された。また、近傍の鋲の位置も適切でなく、亀裂進展を助長したものと判断されている。

曽根技師は佐世保工廠航空機部で見解を求められ、次のように回答している。

① 現在の状態で飛行を継続するが、毎回点検を実施し、割れが発生した部品は補用品に交換する

② 応力集中を抑制するため滑り溝の端部を十分平滑に仕上げる

滑り溝端部に発生する亀裂を早期に発見すれば最小限の飛行安全は確保できると判断したものと思われる。曽根技師の助言は適切であったといえるだろう。

脚柱管改修後の状況

昭和12年1月29日、曽根技師は空技廠飛行機部に出張して主脚の脚柱管改修後の鋲の弛みの状況を調査し、2月1日に所長へ報告している。

――――

日時　昭和12年2月1日

目的　脚柱管改修後の鋲の弛みの状況を伺いのため

横須賀航空隊に出頭、佐藤大尉に面会。在横空機の脚柱管、鋲の弛みを現品に付き、見せて頂き調査す。

○　改修脚柱管の鋲の弛み

横空隊にて調査せる脚柱管は、約12時間程度の使用時間のものにして、何れも上部より一列目の鋲は浮き上がりて指頭にて触るれば引きかかりを感ずる程度なり。又、第三列目辺りまでの鋲も皿頭の周りより油のにじみ出して居るを認められ、微かに浮き上がり居る様に見受けられたり。而して、第五列目にて極く僅かに浮上がりを認めらる鋲のある脚柱管がありしも他は第四列目以下は全部異常を認めざりき。

若し、脚の捩りに起因せる鋲の弛みなれば全部周上の鋲が一様に上下列共弛緩する訳なれど以上の状況の如く之を見受けざりき。鋲の弛みは曲げに対し脚柱管の内外管の変形に依りて生ずるものと認められたり。

故に鋲の弛みが全般に亘て進行性を有せず、現鋲孔の変形の著しからざる事を確かめ得れば強度上の心配は無い様に思わる。

以上を飛行機部松浦部員に御報告し、弛緩鋲の鋲孔検査をも御願い置けり。

大村航空隊での11号機の事故から数ヵ月が経過し、横須賀航空隊に配属した機体について、脚柱管改修後の鋲の弛みなどを調査している。12時間程度使用した機体の脚柱管は1列目がわずかに浮き上がった状態であり、周上に一様な弛みではないことから弛みの原因は捩りではなく脚柱の変形によるものと推算している。

適切な点検の実行により、亀裂進展、鋲の弛みなどは深刻な事態には至らずに済んでいる。しかし、脚柱管の不具合が未解決の状態の中で、脚関連の問題がさらに発生する。

今度は、九六艦戦が離陸した直後に発生する脚の強い振動が問題となる。

脚振動問題の発生

日時　昭和12年5月20日
場所　空技廠　飛行機部
目的　九六式艦戦　脚振動試験の件
報　告

飛行機部にて松浦部員、花輪部員に御面会し下記の如き経過、並びに振動試験結果を聴取せり。離陸直後に於いて、脚及び基準翼が著しく振動し、之の甚だしき場合は、地上よりも認め得る程度の振幅を有する振動にして、振動は、短時間にて damp するも操縦者はその間、腰を叩かる如き感じにて著しき振動を感じ不快の感を抱き居れり。之は九六式艦戦の各機の有する悪癖なりき。
今回、第４号機に脚柱管亀裂に対する根本対策を実施のものを装着し、飛行実験部にて試験飛行中にも使用時間を増すに従いて之の振動が著しく発生するを認めらるため、之が原因探求のため及び之が対策研究のため次の如き実験を実施せられたり。

実験供試機体　三菱第４号機

○　飛行実験

脚柱管の付け根に「テレメータ」を付し、之を機体内装備の「オシログラフ」に連結し、離着陸時の脚柱の曲げ歪みを時間的に記録し、脚の振動状況を調査せられたり。その結果、離着陸直後の脚柱管の振動は毎分８２０～８４０程度の周期にて継続時間は短時間（正確には判定せざるも２～３秒ならん）にしてdampする性質なるものなり。

○　地上試験

地上にて車軸附近を「モーター」に連結せる紐にて引っ張り、機体は吊り上げて置きて脚柱を強制振動せしめ脚柱の振動の振幅を見るに振動数８２０毎分にて振幅は最大なる。此の時、脚柱管と導管とのガタは上部にて０・18～０・２㎜下部にて０・25～０・28㎜なり、今、下部の「ガタ」を薄板にて埋め強制振動を行った時は、最大振幅は９３０毎分なり。更に上下部の「ガタ」を埋めて行わば、最大振幅は１０１５毎分の振動数にて表はる。

而して、此れ等の振動時、基準翼前後桁間の外板がベコベコ振動し居るを認められたり。

以上より見るに、飛行時に発生の振動は、離着陸の衝撃に対し、脚及び基準翼が自由振動をなし、それ自体の damping force が小なるため振動を継続するものと推察さる。

空技廠にては、此の種の振動は強度上懸念なきやを更に実験を継続し研究さるの予定にして、会社にては後記の諸項に対する対策を研究し置き、来る25日御来所の花輪部員に具体案を提出することとなれり。

一、脚柱導管の「ブッシュ」の摩耗を小ならしむこと
　。脚柱上部に砂除け覆を付すこと
　。ブッシュ材質を研究のこと
　。給油潤滑法につき研究のこと
二、基準翼を補強すること
　。外板の弛みを除き前後桁連結を鞏固にすること
三、脚柱導管の長さを長くし、摩耗時の「ガタ」の影響を少なくすること

以上諸項は、第75号機以前及び第75号機以降（二号二型）の両者に対して研究しおくものとす。

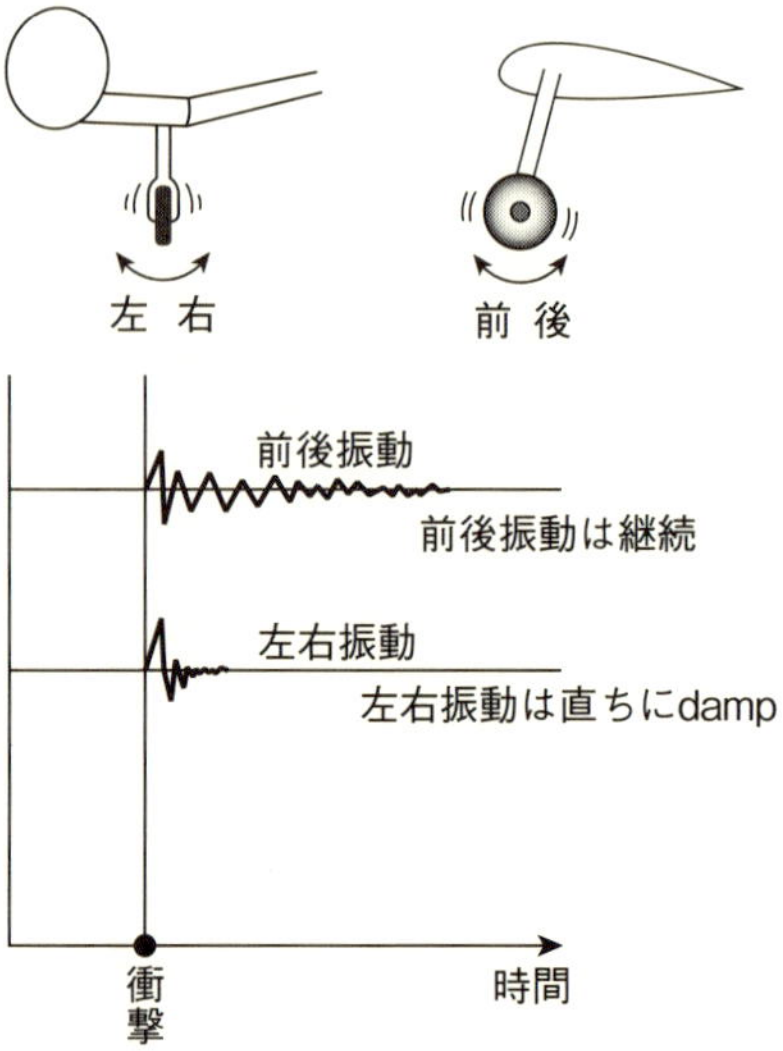

主脚の飛行試験計測データ　曽根資料スケッチより作製

脚振動の問題は、脚付け根部に取り付けたセンサーで振動データを取得して分析している。その結果、離着陸の外力により、脚が８２０～８４０Ｈｚの振動を数秒間発生することが原因として判明したのである。脚は空気抵抗の少ない整形カバーがあるため前後振動がなかなか減衰しなかったようである。基準翼の外板がベコベコと振動して補強が必要であることも地上試験の結果判明し、飛行試験および地上試験の実施により、この問題は迅速に解決することができた。

振動問題が解決し、脚と基準翼の補強対策が以下のように決定された。

主脚の応急対策と根本対策

一　日時　昭和12年6月15日

目的　九六式艦上戦闘機　脚及び基準翼補強対策会議に列席
場所　空技廠　飛行機部　会議室
対策決定事項

①　基準翼
2～74号機（試作機及び一号艦戦）
外板は現在の儘とし、外板（桁間）の裏側に補強小骨を入れる（三菱第2案通り）
75号機以降（二号艦戦）
外板の板厚は0・6㎜とし、補強小骨を入れる

②　脚柱導管
2～74号機
長さを現在のものより下方に80㎜増し、「セレーション」を付す。「ブッシュ」の材質は「アームブロンズ」No.4を使用することとし材料入手までは「アームブロンズ」No.2を代用するも差支えなし。
油溝は、従来通り「スパイラル」に切り更に中央に大なる油溜まりを設ける様にすること。

③　脚柱管2～74号機
既製の第二案脚柱管にて、未だ亀裂の発生せざるものは、楔を鋲着し使用す（第三案に改修す）今後、新製のものは第三案対策通りとし、肉厚は付根にて4・6㎜とす。
④　第75号機以降脚柱管及び導管
十試艦攻（筆者注：後の九七式艦上攻撃機）、キ一五（筆者注：九七式司令部偵察機）の式にて、Torsion Bracing を付したる三菱案通りにて試作し、空技廠にて強度試験を実施し、成果を見て決定す。

　差当たり、75～77号機は、74号機以前と同様（但し導管は80㎜長くせざるもの）にて作業を進め、之を装着しおきて前記の試作案を実施せる脚の試験の成果により交換装着のこととす。

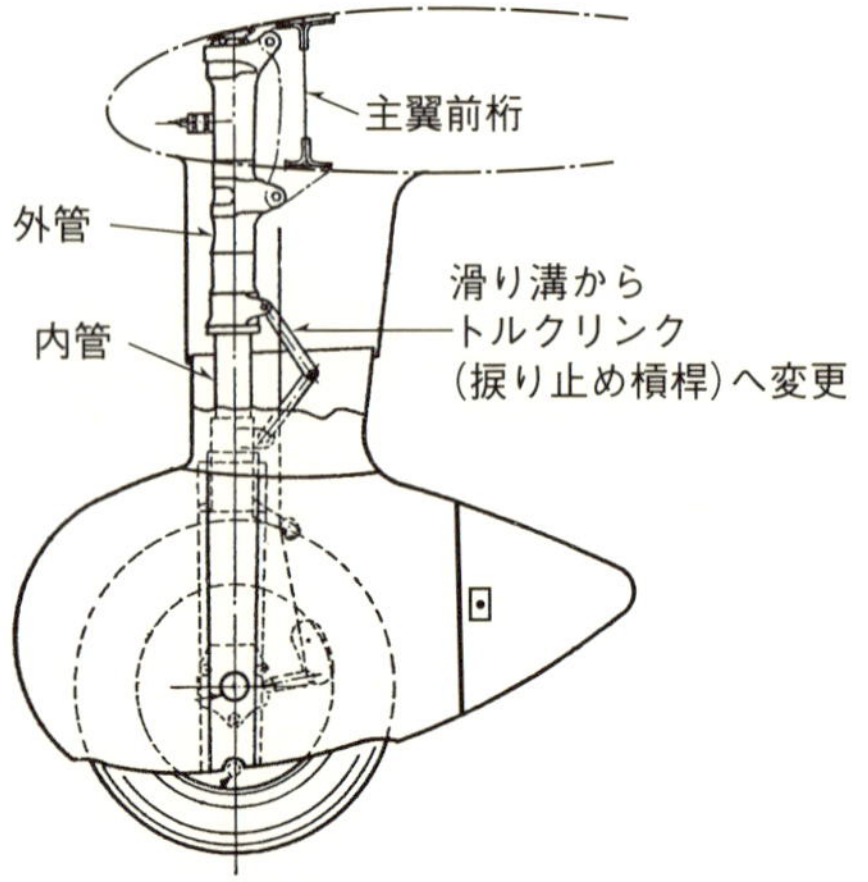

九六艦戦後期型（二号二型以降）の脚　野原茂氏図面より作製

九六艦戦は、脚の不具合対策、胴体形状

の更新など大幅に変更した二号二型の量産に切り替わった。74号機までの機体は緊急に脚柱管の肉厚を増加する対策で対応し、それ以降の機体には抜本的に設計を見直し、中島の十試艦攻の引込脚を参考にしたトルクリンクで捩りモーメントを受ける形状に変更している。中島の脚は米国のヴォートV-143戦闘機の引込脚を手本にしたものである。製作した脚には荷重と捩りモーメントを取り込んだ疲労試験を実施して耐久性を確認している。

75号機の脚の不具合

日時　昭和12年9月14日
場所　空技廠　飛行機部
目的　九六式艦戦二号一型75号機脚柱管溝に亀裂発生の件

報　告

去る、8月27日、空輸され、目下、実験部にて試験飛行中の75号機は、去る9月13日点検中、脚柱管に亀裂発生し居るを認められたり。亀裂は、脚柱管溝の上下部隅に発生し、補強対策実施前と同個所に認めらる。

75号機に装着しある脚柱管は「間に合せ」のものにして、肉厚3・0㎜に楔を鋲着しあるものにして、肉厚薄きため（6月15日、空技廠会議にて肉厚4・6㎜を有せしむ様決定したるもので、以後製作のものは、総て肉厚4・5㎜とせり）強度不足にして亀裂発生せるものと思わる。

75号機は、根本対策脚柱管を交換装着予定なるため、それまで試験飛行を継続出来る様、代品を持参、至急装着する様申し聞けありたり。依って、当方より、第77号機用脚柱（此れも肉厚3・0㎜の間に合わせ品）を15日頃までに送り、取敢えず交換装着のこととせり。

根本対策脚柱管は、工事促進、至急完成持参する様申し聞けありたり。

脚の不具合は、二号一型の最終号機でも発生したことから、こちらも調査されている。その結果、応急対策では不十分であったことが明らかになった、直ちに根本対策をした脚柱に交換する処置が取られている。

脚柱振り疲労試験

日時　昭和12年11月22日
場所　空技廠　飛行機部
目的　九六式艦戦二号二型用　脚柱　振り疲労試験の件

報告
九六式艦戦用脚柱管溝孔部に亀裂発生する対策として、之を根本的に解決するため新たに、二号二型用として計画設計せる新型脚柱管に就きて空技廠に於いては、振り疲労試験を実施され、新型脚の振れに対する強度並びに耐久性を調査されたり。此の実験の終了せるを以って、空技廠飛行機部に出頭し、花輪部員、鈴木部員に御面会。実験の成果を詳細に聴取し、空技廠側御意見を御伺いし来れり。

振り疲労試験は、脚柱の車軸取付部に長き「レバー」を取付け「レバー」の一端に荷重を掛け他端を「モーター」にて上下に振動させ、脚柱に振りを与える方法にて実験されたり。

耐久度は判然たる目安なきため、振り力率と繰り返し数を旧型脚試験時と同様として比較試験にて強度並びに耐久性を判定せんと計画されたり。

実験は11月12日より20日に亘り９日間連続実施され、その間振り力率は34・２kg－mより１１８・５kg－mまで段階的に７度上昇せしめたり。

11月20日、第７段、振り力率１１８・５kg－m　繰り返し数２９０万回にて振り槓桿の下部溶接部にてヒビ割れを生じたるを以って終了せり。

旧型脚補強対策を施せるもの（楔付き脚柱管）は繰り返し数２７０万回にて異常なかりしまま実験を中止しあるを以って此の成果により直ちに耐久度の絶対値を比較するを得ざるも概ね充分なる強度及び耐久度を有する事を推定し得たり。

直ちに脚支柱を分解し点検せるに、上部槓桿取付ボルトが剪断にて多少凹みを生じ居りたり。此れは、さきに実施せる落下試験にて曲がりたる脚柱管をそのまま使用し居りたる事に起因し、別に本試験の直接の結果とは思はざりき。

本実験の成果より、空技廠に於いては次の如き御意見を発表せられたり。

。捩り槓桿の亀裂発生せる熔接部を無きものとするか位置変更のこと
。捩り槓桿部の肉厚を少しく増し「取付ボルト」との軸承面積を更に大とすること
。オレオ頭部の蓋より少しく油が漏れ居りたり。該部の締付を注意のこと
。脚柱内管のねじ接部より油の浸出すをみとめたり。工作に注意のこと

トルクリンク形式に変更し、強化した新型脚柱管の、耐久性を確認するために繰り返しの実荷重で疲労試験を実施している。これは疲労試験の先駆的なものと思われるが目標回数などの設定など暗中模索状態でありながらよく試験を実行したと思う。

九六艦戦の脚の着陸荷重において上下荷重だけでなく前後方向に加わる荷重（スピンアップ、スプリングバック荷重）を模擬した強度試験は、その後の三菱が開発した一式陸上攻撃機や百式司令部偵察機などにも活かされたことが知られている。

同じ頃、東京帝国大学で試作された「航研機」に採用された手動式の引込脚は脚を露出した状態での空気抵抗による脚柱の変形により、引込動作が困難となり大幅な改設計が必要となった。九六艦戦の開発時点で一足飛びに引込脚とすることは難しいことであったことが明らかで

ある。

九六艦戦の脚は空気抵抗を減少させるため、一本脚で細くまとめるよう指示されたものと推察される。このため試作機である九試単戦1号機はオレオ式脚柱を取り、逆ガル形状により、短い脚柱に整流カバーを取り付けるように設計された。

しかし九試単戦2号機以降、機体の形態が水平の基準翼と上反角付外翼に変更されて脚柱部が延長された。九六艦戦として部隊配備されると、この脚が次々に不具合を発生していた。日常点検、緊急措置を実施しながら、脚柱の全面的な改設計を実施することとなった。それは米国機、中島の十試艦攻などのよい設計を参考にしたものであった。この脚柱に実際に加わる上下動、前後動および捩り荷重を負荷し、耐久試験として安全性を確認している。

九六艦戦は、技術的な課題を一つずつ分析して改設計をしてから試験で確認する確実な方法で問題解決を実施して信頼に足る実用艦戦へと成長したのである。

第8章　十二試艦戦の開発計画を巡って

十二試艦戦の開発試作事業は昭和12年5月に「十二試艦戦計画要求（案）」として三菱および中島両社に打診され、同年10月5日には「十二試艦戦開発要求」として正式に海軍から両社に交付されて競争試作が正式に開始されることになる。

計画要求書に盛り込まれた最高速度、上昇力、航続性能、空戦性能あるいは武装などの要求性能は、開発する機体の性格を強く支配することになるため、個々の要求値および各項目のバランスや優先度は特に重要な事項となる。

曽根資料を読むと、その要求内容については官民の協議、日支事変の戦訓の取り込みなどによる変化、官民研究会における議論が明らかである。それには堀越技師の『零戦』に記述された文面との差異もあって、実際の開発過程をよく検証することが必要であると思われる。

第8章は、十二試艦戦の性能の根幹となる、この開発要求書を巡って記述することとする。

十二試艦戦計画要求書の交付

大きな成功を収めた九六艦戦の後継機の構想は、昭和12年5月に「十二試艦戦計画要求書案」として三菱、中島両社に打診された。三菱では当時、愛知、中島とともに競争で試作を進めていた堀越チームの手掛ける十一試艦上爆撃機を木型審査直前で辞退し、十二試艦戦の試作に集中することになった。

10月5日には「十二試艦戦計画要求書」が交付され、中島との競争試作が開始された。この間、生じた日支事変での航空戦の教訓により、戦闘機が攻撃機を目的地まで掩護する必要性が高まっており、速度、上昇力、運動性能は（案）と同一のままで、航続性能が延伸されたとされる。堀越技師の著書『零戦』には、以下のように記載されている。

堀越二郎・奥宮正武　共著『零戦』から

十二試艦戦計画要求書抜粋

一、用途

掩護戦闘機として敵の軽戦闘機よりも優秀なる空戦性能を備え、邀撃戦闘機として敵の攻撃機を捕捉撃滅し得るもの

二、最大速度

高度４０００ｍで２７０kt（５００km／時）

三、上昇力

高度３０００ｍ迄３分30秒以内

四、航続力

正規状態

高度３０００ｍ公称馬力で１・２時間乃至１・５時間過荷重状態（増槽燃料タンク装備）

高度３０００ｍ公称馬力で１・５時間乃至２・０時間巡航にて６時間以上

五、離陸滑走距離

風速12ｍ／秒の時70ｍ以下

六、着陸速度

５８kt（１０７km／時）以下

七、滑空降下率

３・５ｍ／秒乃至４・０ｍ／秒

八、空戦性能

九六式二号艦戦一型に劣らぬこと

以下　略

十二試艦戦の用途について「掩護戦闘機として敵の軽戦闘機よりも優秀なる空戦性能を備え、邀撃戦闘機として敵の攻撃機を捕捉撃滅し得るもの」との表現は、制空戦闘機として味方を掩護して敵の邀撃戦闘機に優る空戦性能を有し、邀撃戦闘の場合には敵攻撃機を阻止しうることを意味しており、十分な航続性能、優れた空戦性能を保持しながら、高速性と強力な火力を保持することが必要であることをこの一文が端的に示している。

最大速度は270kt以上、上昇力は3000mまで3分30秒以内、そして航続力は正規状態、公称馬力で1・2〜1・5時間、過荷重状態（増槽装備）で1・5時間ないし2・0時間、巡航にて6時間以上を要求している。ここでの公称馬力とは最大連続馬力を意味しており、要求当時は高力馬力との表記になっている。

一方、曽根資料の「A6」という表題の付いた冊子に十二試艦戦の要求性能等が記載されている。ここには欄外に「12―10」と日付があり、交付された「十二試艦戦計画要求書」の要求性能が示されている。

― A―6　要求性能

主要寸度

全幅　12・000m

全長　10・000m

全高　3・700m

性能

i）速力　3000〜5000mにて　270kt（500km）以上

ii）上昇　3000mまで　3分30秒　以内

5000mまで　5分30秒　以内

iii）離艦　合成風力12m／秒にて　70m　以内

iv）着速　58kt　以下

v）航続力　正規満載　高力馬力　1・2時間　以上

過荷　巡航滞空

6時間以上
高力馬力
1・5時間以上

十二試艦上戦闘機計画要求書
1、目　的
攻撃機の阻止撃攘を主とし、尚観測機の掃討に適する艦上戦闘機を得るに在り
2、型　式
「プロペラ」回転圏外に翼上20㎜固定機銃二挺を装備すると共に、胴体附近迄に7・7㎜機銃二挺を装備したる単座機

堀越技師の『零戦』の表記と「用途（目的）」が大きく異なっていることが分かる。この「計画要求書」では、攻撃機の阻止撃攘を主任務とし、観測機の掃討に適する艦上戦闘機を要求している。

ここでは、攻撃機の阻止と観測機の掃討が任務であり、味方機を掩護して相手の戦闘機との空戦で優越することが含まれていないことに注意する必要がある。

この表現の違いを解く鍵は「計画要求書」が交付されてから約3ヵ月後に開催された「十二試艦戦官民合同研究会」にある。この研究会は「計画要求書」に記載された要求性能について海軍側から説明があり、会社側からの質問に回答して認識を共有するための会議であった。

ここで「計画要求書」だけでは不明確な事項が補足され、要求書に追記される。その内容が曾根技師から所長宛ての報告書としてまとめられている。

十二試艦戦官民合同研究会

報　告　　十二試艦戦官民合同研究会

場　所　　横須賀空技廠　庁舎会議室

時　間　　一月十七日　十三：○○より十七：○○に至る

列席者　　航本、横空、空技廠（飛行機部、実験部、兵器部、発動機部）約十八名

中島　五名

三菱　服部課長、堀越、加藤、曽根四名

十二試艦戦計画要求書に対する補足事項の指示ありたる後、各項目につき民間側よりの質疑応答あり、下記の通りの補足事項の決定を見たり。之等事項は追って官よりの正式指示ある筈なり。

十二試艦戦計画要求補足事項

一、目的
攻撃機の阻止撃攘を主とし、尚観測機の掃討に適すること（同時に敵戦闘機との空戦に於いて優越する艦上戦闘機なるを要す）
二、形式
7・7㎜機銃装備位置は従来の艦戦の様式に準ず。
詳細は飛行機計画要領書の通り。
三、主要寸度
（一）機体は10・25×2・5以内に収納し得る如く分解可能なること
（二）鉄道輸送可能なること
四、性能
（一）航続力は正規満載にて高力馬力1・2時間以上を要求す（高度3000ｍにて）
（二）要求速力及び上昇力を略々満足せば航続力の向上を計ること
（正規満載高力馬力1・5時間程度、過荷重状態に於いて高力馬力2・0時間程度）
五、兵装及び艤装
（一）20㎜機銃と7・7㎜機銃との両者に於いて主副の別なし同時及び別個に発射可能なること
（二）20㎜機銃に関して
（イ）装填蓋は機銃付属なり

六、其の他
（一）空廠試製安全帯装備のこと
（二）恒速プロペラを使用するものとして計画して差支えなし
（三）暖房装置装備及び電熱被服使用可能のこと
（四）車輪制動機は作動確実なるものを装備のこと（現在戦闘機装備のものは不可なり）
（五）戦闘機は速力の使用範囲大なるを以って筒温油温は季節高度の如何を問わず満足なる調整可能なるを要す
（六）風防採用の場合は後方視界を充分考慮すること（バックミラー採用）

其の他の雑項目
○ 高力馬力時の燃料消費量は、発動機の地上運転性能試験成績より推定し決定のこと
○ 巡航時の発動機出力は、最大出力の約39%付近なり（参考）

この報告で明らかなように、「十二試艦戦計画要求書」では目的になかった「敵戦闘機との空戦に於いて優越する艦上戦闘機なるを要す」との一文が補足事項として加えられ、研究会の質疑応答の成果として追記されている。

当初の「目的」では主たる役割が「攻撃機の阻止撃攘」とされているため、艦隊決戦の際の防空戦を重視していることが分かる。強力な火力である20㎜機銃の搭載が重視されたのもうな

ずける。

次の「観測機の掃討」という任務は、なぜ観測機と特記するのか、やや分かりにくいのではないだろうか。艦隊決戦の際の着弾観測は当時、水上偵察機が受け持っていた。この水上偵察機が互いの艦隊の中間に進出して味方の着弾観測をして修正の指示という重要任務に就く。それだけに敵の戦闘機に狙われ、それを排除しつつ任務を遂行する。当時、上海方面の航空戦で九五式水上偵察機は複葉の水上偵察機であったが、非常に運動性が優れていたため、戦闘機隊に劣らぬ活躍をしていた。この水偵の戦果に意を強くした海軍は、この後継機を新たに「水上観測機」として九六艦戦と同等の運動性を要求している。この愛知と三菱で競争試作した機体が後に零式観測機として制式化されている。十二試艦戦が阻止撃攘、掃討を目指した敵機は海軍が重視していた水上偵察機に他ならないようである。しかし、米海軍の艦隊は間もなくレーダー測距方式を導入したので空戦能力に秀でた水偵・観測機は開発しなかった。

更に、この官民研究会での重要な成果は、互いに両立が困難な高度な要求事項の優先度が示されていることにある。

「要求速力を略々（大体）満足すれば航続力の向上を計ること」と示されている。最高速度２７０kt（５００㎞／h）実現を最優先して可能な範囲で航続力を確保せよということと解釈できる。航続力の要求値が戦訓によって延伸したためにこのような文言になったものと思われる。堀越技師の『零戦』によれば、この官民合同研究会では、中支戦線から帰ったばかりの源田少佐が航空戦での九六艦戦の戦闘ぶりを生々しく説明したとされている。

この研究会の約４ヵ月後の４月13日に「十二試艦戦計画説明審議会」が開催されている。この会議については曽根資料に記載がないので『零戦』から引用することにする。

この審議会では堀越技師が「航続力、速力及び格闘力三性能の重要順序に就き如何考えて居られるかお伺いした」と優先順序を問うている。これに対し、源田少佐が「艦戦は対戦闘機格闘性能を第一義とし、これを確保するために速力、航続力を若干犠牲とするも止むを得ない」と回答し、海兵同期の柴田武雄少佐は「攻撃機を掩護する戦闘機は大なる航続力と高速力を併せ持つ単座戦闘機が要る。逃げる敵機を捕捉するためには１ktでも速い方がよい。格闘性能の不足は操縦技量で補えばよいと思う。速力、航続力を格闘性能よりも重く見ることを主張する」と応じた。

これが有名な源田―柴田論争として零戦開発物語で常に取り上げられる逸話である。

「十二試艦戦官民合同研究会」の補足決定事項で要求性能の優先度が示されていながら、なぜ堀越技師は「十二試艦戦計画説明審議会」で要求性能の優先度を質問したのだろうか。

「十二試艦戦計画説明審議会」はメーカーである三菱側の開発計画について海軍側が審査する会議であったはずである。筆者も防衛技官として、何度も同様の審議会に出席したが、審査されるメーカー側からこのような質問が出たことは一度もなかったので、この場で堀越技師が要求性能の優先度を質問するのはいささか違和感がある。この会議での堀越質問と源田―柴田論争が事実であれば、十二試艦戦の要求性能がいかに厳しいかを関係者に周知させるためのものかと思える。従来、「十二試艦戦計画説明審議会」で航続力、速力および格闘力の優先順位を堀越技師が質問し、源田少佐―柴田少佐の論争になったとされていたが、曽根資料によれば、既に、その3ヵ月前の「十二試艦戦官民合同研究会」での質疑の結果、海軍側が「十二試艦戦計画要求補足事項」として優先順位を示していたことが注目される。堀越技師の「十二試艦戦計画説明審議会」での発言が事実であるとすれば、堀越技師の要求性能の優先順位についての発言は謎である。更に、堀越技師の『零戦』には、敵戦闘機との空戦能力は「十二試艦戦計画要求書」の段階で示されていたことが記述されているが、曽根資料では約3ヵ月後に開催された「十二試艦戦官民合同研究会」の補足事項として初めて示されている。曽根資料の記述を信用するならば、零戦の開発物語で一番の劇的な場面に新たな真実が浮かび上がったのではないだろうか。

堀越チームとしては、最高速度270ktを目標とし、それを実現した上で可能な限り航続力を確保する設計方針を取ったかと推察される。この性能を両立させるカギは機体の空力的な洗練と巡航時の揚抗比を高くすることとしたはずである。

具体的には機内に燃料タンクを無闇に増設するのではなく、翼幅を寸度制限一杯の12mとし、翼面積を拡大、縦横比を大きくすることで揚抗比を高め、経済的に巡航して航続力の延伸を図ったかと思われる。

また九六艦戦で採用した落下式増槽は非常に有効であったが、同機用のものは九四式艦上爆撃機の投下機構を踏襲したため、空気抵抗が大きすぎるとの難点があった。

十二試艦戦に搭載する増槽タンクの形状および取付け機構を洗練させて低抵抗にまとめることにより、味方の攻撃隊を掩護する際の往路の燃料を増槽で賄うことが可能となるとのアイデアが出された。初めから落下増槽の容量を航続性能達成の目標値から決定したのは世界で最初のことであった。

効率的な巡航速度は約１８０ktを中心として計画が進められている。燃料搭載量を４２０ℓとして主槽（胴体＋主翼）のみで4・2時間、増槽（３３０ℓ）で2・4時間、計6・6時間の航続時間が見込まれ、これは１８０kt巡航で１１９０海里となるのである。「実施部隊からの要求値として、巡航にて2時間進出し、30分間空戦す」に対しても十分な航続力になる。

搭載エンジンは、「瑞星12型８００HP」（地上）で計画しているが、「栄12型」を搭載すると９５０HP（地上）で燃料消費率（1時間1馬力あたり何グラム消費するかで表す）は「瑞星」が３１０ｇ／HP／ｈであるのに対し、「栄」は２８０ｇ／HP／ｈとなり、所要燃料が３８０ℓに対して３８２ℓと、ほとんど変わらないことも明らかとなった。馬力が大きく、燃費が優れた「栄」は好適なエンジンであったことが分かる。

この長大な航続力は本機の最大の特徴といえる。『大空のサムライ』で知られる坂井三郎はフィリピン・クラークフィールド上空戦、ガダルカナル戦および硫黄島戦で三度、零戦の長大な航続力のおかげで生還を果たしている。坂井はこの経験から零戦の航続力に絶対の信頼を置いていた。

開戦直後から、各戦線に現れる零戦隊が制空権を獲得して戦いを有利に進める状況に連合軍側は大いに脅威を感じていたが、わずか400機ほどの機体が戦線に投入されていたに過ぎなかった。

外国製戦闘機の見学

目的　ハインケル　He112型単座戦闘機見学
日時　昭和13年1月24日　9時～17時
場所　空技廠　組み立て工場
見学者　中島　3名　三菱　曽根、畠中（2名）
空技廠　笹森部員より一般事項につき説明ありたる後、実物見学に移れり。
　2機到着し居り夫々組立て整備中にして1機は近く実験部にて飛行試験を実施さる予定なり。
　現在のものは7・9㎜機銃を胴体側面に2挺装備し居るものなるも続いて到着するものには更に翼上に20㎜機銃2挺を装備し居るとの事なり。

全幅　9・2m　全長　9・24m　全高　2・65m
翼面積　17・0㎡　自重　1600kg　搭載量　630kg　全備重量　2230kg
発動機　Jumo　210Ea（690HP）
性能　最高速度　3600mにて262kt

上昇力　１０００ｍまで１・２ｍｉｎ
構造様式は、ハインケル爆撃機（Ｈｅ１１８）に酷似し居り、特に戦闘機のために重量軽減に努力し各部の構造を設計したる様にも見受けざりき。燃料搭載量は、２１０ℓにして航続距離は極めて短し。翼面荷重は、１３１kg／㎡にも達し居る故、上昇並びに空戦性能に於いても優秀なる成績は期待できざるものと思わる。

一般に見て、十二試艦戦に於いて吾が海軍の要求さるる性能と比較せば、ハインケル機は、吾が海軍の戦闘機としては実用価値の少なき様に見受けられたり。

然りながら、各部、細部構造及び兵装・艤装に於いては大いに参考となる点多く興味深く見学せり。

座席に天蓋を廃し前後に滑る小さき遮風板を取付けて後方視界に対する問題を処理し居る点、面白く感ぜり。


空技廠は、「十二試艦戦官民合同研究会」の直後、海軍が輸入した最新鋭機のハインケルＨｅ１１２を三菱、中島の技師に参考のため見学をさせ、説明をおこなっている。

曽根技師の観察眼は鋭く、本機は爆撃機（Ｈｅ１１８）の構造を踏襲しており、重量軽減の努力をしていないこと、燃料の搭載量が極端に少なく、航続距離が極めて短いこと、一方で翼面積が小さいため翼面荷重が高く運動性が著しく劣ることを見抜いている。

凡庸な空力、構造設計では、高速性、航続力、運動性に優れた機体が得られないことが明らかである。しかし、その一方で、細部構造、兵装、艤装が優れており、大いに参考になるとの見解を併せて示している。

相手国の戦闘機より何割か低馬力のエンジンを装備して速力、航続力および格闘戦で優越する機体を創造する困難はいかばかりのものであったろうか。

超々ジュラルミンの適用

航空機の高度な要求性能に対応するためには、新材料を適用するのが近道であることは今も昔も変わらない。航空自衛隊のF-2戦闘機を開発する際、CFRPを素材とする複合材主翼桁間構造を適用したことは広く知られている。

十二試艦戦の開発では、ESD（超々ジュラルミン）が桁材として使用されている。この材料は、住友金属の五十嵐勇技師達が開発した亜鉛系のジュラルミンで張力が30％程度向上することが見込まれていた。ただし、加工を加えると時期割れ（現在では応力腐食割れ）が生じるのが欠点であり、クロムを添加することでこの性質を抑えることに成功している。

ESDはできあがったばかりの新材料であったが、これを使用することについて、海軍は前向きであった。硬式飛行船の骨格を軽量化するため、ジュラルミンの強度向上の研究を続けていたためである。

堀越チームは、住友金属とはESD採用の調整をたびたび行っている。

目　的　Ａ６Ｍ１用桁結合金具材料を注文の件に関し打ち合わせ並びに住友側の所見聴取のため行く先　住友金属工業株式会社
日　時　昭和13年７月16日
報　告
　Ａ６Ｍ１用桁結合金具は材質をＥＳＤ（Extra Super Duralumin：超々ジュラルミン）とし計画せるを以って之が材料を鍛造品又は押出型材として８月末までに納入出来ざるや、及び、材料入手後当方に於いて機械仕上げ曲げ加工を実施後に当所に於いて熱処理実施に関し質問し所見を求めたる処、住友側の回答次の如し。
住友側の回答（横尾氏、角田技師）
○　ＥＳＤの Stamp Forge（型鍛造）は、目下研究中なるも今の処全然自信なし。
○　ＥＳＤの簡単なる形状の鍛造は可能なるもひび割れ発生の怖れあり、十分注意を要す。鍛造品とせば、押出機に比して抗張力にて10㎏／㎡、耐力にて12～13㎏／㎡位の低下を来す故強度上不利となる。
鍛造にて注文しても押出材にて注文しても目下の状態にては納期は同じにてこの方面にも利点なし。
○　押出材なれば強度上最も有利にして、ひび割れ等の懸念もなし。押出材より機械加工後、曲げ作業にて仕上げる方法が一番無難と考えらる。

○　加工後の熱処理を三菱にて実施することは、不安なるやも知れず、住友社にて引取りて熱処理を施す方がよいと考えらる。（ESDは初めての材料なる故、住友が責任を持つ訳なり）

○　前述の如き回答並びに所見に接したる故、以下の如く打ち合わせを行いたり。

○　A6M1用桁結合金具は、ESDまたはSDHの押出材を使用加工仕上げのこととし、押出型は2種とし数日中に住友社に通知す。

○　熱処理を住友社にて実施するや否やは会社の首脳部とも協議の上、後刻当所に回答連絡す。

以　上

堀越チームは十二試艦戦の重量軽減のため、九六艦戦で採用した主翼の基準翼と外翼を結合金具で接続する方式を止め、左右の主翼を中央で結合する方式を取り、胴体を前後に分解することによって大幅に減量化することを目指した。これは陸軍戦闘機の競争試作で競合機の中島のキ―二七が三菱のキ―三三より大幅に軽量で仕上がったことを見習った結果である。右の報告は、この左右主翼の結合金具をESDの鍛造品で成形できないかと住友金属に商談した際のものである。鍛造品は加熱して高い圧力を加える工法なので当然ながら拒絶された。（鍛造加工は、鉄などの材料の強度を高くするため炉で赤熱状態（再結晶温度）まで加熱し、プレスにより加圧して成型

させる手法をいう）開発当時の超々ジュラルミンの場合、鍛えると応力腐食割れが生じる疑念があるため鍛造材としては使用していない。

ＥＳＤに適した部材として圧延材（圧延加工は通常、大型の炉で加熱した材料を圧延ロールで何度も通過させ次第に薄く延ばして所要の寸度のロール材または板材を形成する手法）と押出し材（材料が柔らかくなるまで加熱し、それを所要の形状の型（ダイス）を通過させて複雑な形状を製造する。アルミサッシなどレール溝付きの窓枠が代表的な製品。七試艦戦開発時には未採用であるが、九試単戦にはこの方法が主桁に使用されている）が推薦された。これに適する構造材は主翼の主桁のウェブとフランジである。ウェブは航空機の桁を形成する垂直部分の部材であり、フランジと組み合わせて桁として使用する。零戦開発時は超々ジュラルミンに塑性加工ができないため、切削加工のみで仕上げられる主桁が採用部位として選定されている。フランジはウェブの上下面に取り付けられ桁を形成し、一般にＴ字型の部材で組みあわされる。ウェブとフランジにより大きな荷重を受け持つことができる。塑性加工（材料の弾性域を超えてプレスなどの加工をすることで、変形させ強度の向上をはかる技法。アルミ製のキャリーバック、アタッシュケースなどで表面の凹凸やビード加工が施された製品はおなじみである）を避けるためには適切な部位を選定している。さらに、加工後の熱処理についても品質管理の観点から住友金属で実施するべきことを主張している。

住友金属の回答は、材料提供会社としては毅然としたものであった。後にフラッター事故が発生したことを考えるとＥＳＤを主桁に限定したことは、これでよかったかと思われる（フラッター事故後、海軍は主桁の疲労試験を終戦まで実行している）。

十二試艦戦の海軍からの計画要求は当初、艦隊決戦の防空任務を課せられていたが、大陸での戦訓により味方機の掩護を行い、かつ敵の戦闘機に優越する空戦能力の両立という過酷なものとなっていった。これを実現するため、空力的な洗練と重量の軽減に多大な努力がはらわれたのである。

第9章　十二試艦戦の地上試験（振動試験／強度試験）

十二試艦戦は、厳しい要求性能を実現するため機体の重量軽減が徹底して追及されたことは周知の事実である。その努力の成果は、機体の強度試験によりうかがい知ることができる。

この開発では軽量化を追求するため、計算上ぎりぎりの強度を狙い、強度が不足であれば逐次必要な補強を実施して強度試験を進めていく、手間のかかる手法を採用したことが知られている。必要であれば補強することで、構造は最小の重量に仕上がることになる。補強が繰り返されると評価が困難になってくるため、供試体を何機か用意する必要が出てくる。十二試艦戦の重量軽減の努力は、手間暇をかけた丁寧な強度試験を実施したことにより実現されたのである。

曽根技師は十二試艦戦の構造の取りまとめを担当していたので曽根資料には、その振動試験と強度試験の状況が生き生きと示されている。第９章では、興味深い地上試験について紹介したい。

十二試艦戦の振動試験

十二試艦戦の振動試験は、空技廠の松平精部員の指導の下で実施されている。供試機について基本事項のデータ取得を実施し、飛行試験に供する1号機については別途、振動試験を実施している。

目　的　Ａ６Ｍ１荷重試験立合いのため

日　時　昭和14年2月9〜10日

場　所　空技廠　飛行機部

報　告

2月9日（木）

供試体は、振動試験の準備をす。発動機、プロペラ、固定装備品は、総てバラストを搭載し、脚は引込状態とす。供試体重量１５９８・６kg

機体は前部及び後部をゴム紐にて吊上げたる状態とす。

更に第12隔壁に於いては、左右にスプリングを介して引張り、胴体横振れを防止する如くしあり。機軸を水平に吊上ぐ。

松平部員との打合わせ事項

飛行機振動試験法が正式に決定され、地上振動試験に於ては、完備機体に就き基本重量状態に於いて施行すべきこととなれり。

仍ってＡ６Ｍ１も第１号機に就きて領収飛行以前に完了する様に会社にて振動試験を実施され度しとのことなり。

今回、供試機体に就いて実施するは基本的事項を調査するに止まり、正式の振動数決定等は前記の第１号機完備機体に就きて調査したる値に依るものとすとのことなり。

振動試験法中に記載してある振動数の範囲決定に用ふる係数Ｋの値は同法には０・３としあるも、此の値は過大と思わる。

供試機体の主翼につき Inertia axis、Elastic axis、Flexial stiffness、Torsional stiffness、Wing density を可及的速やかに実測し模型実験の値を実物資料により補正したるものに依り合理的に推定決定のこととす。

２月10日（金）
午後より振動試験開始、成績次の如し
供試体　補助翼　№１Ａ装備
加振法　主翼補助翼外端蝶番金具を「クランク」式加振法にて上下方向に加振す。
成　果

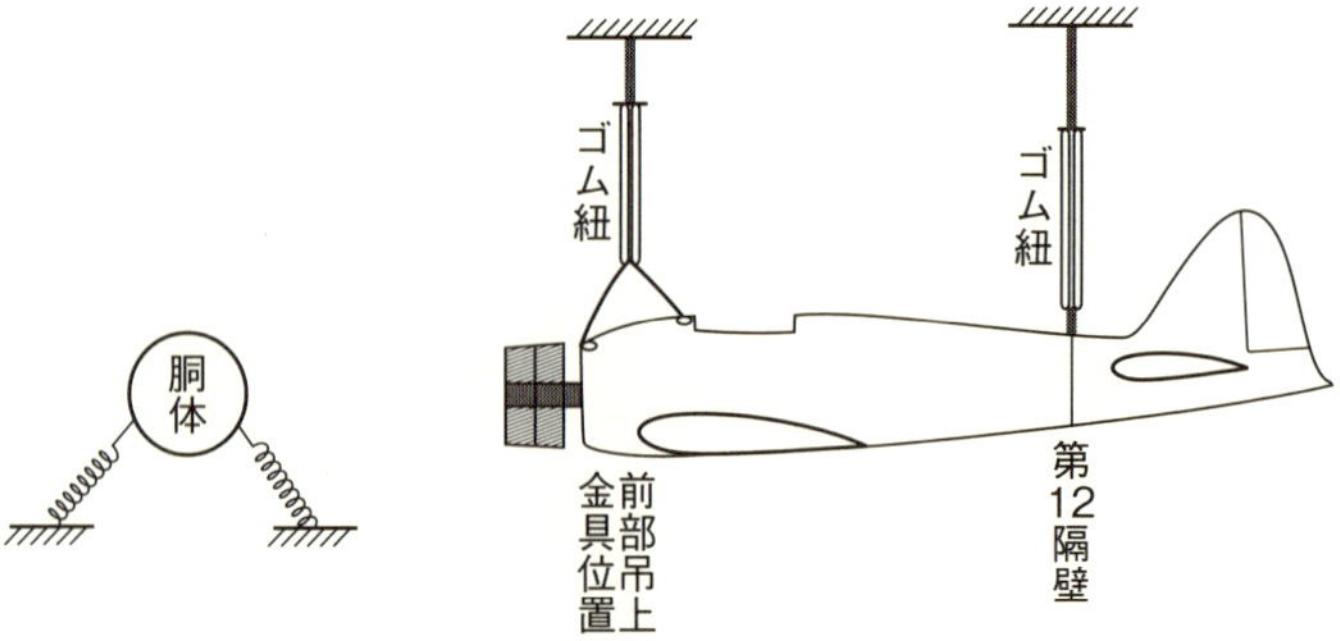

振動試験　曽根資料スケッチより作製

主翼第1次曲げ振動数　680〜685毎分
主翼第2次曲げ振動数　1340　毎分
主翼捩り振動数　2340　毎分
胴体尾部捩り振動数　750〜755毎分

振動型は、第2次曲げ振動に於いて稀に不良なる傾向を認る他、一般にフラッターに対する危険振動型を認めず概ね良好なり。

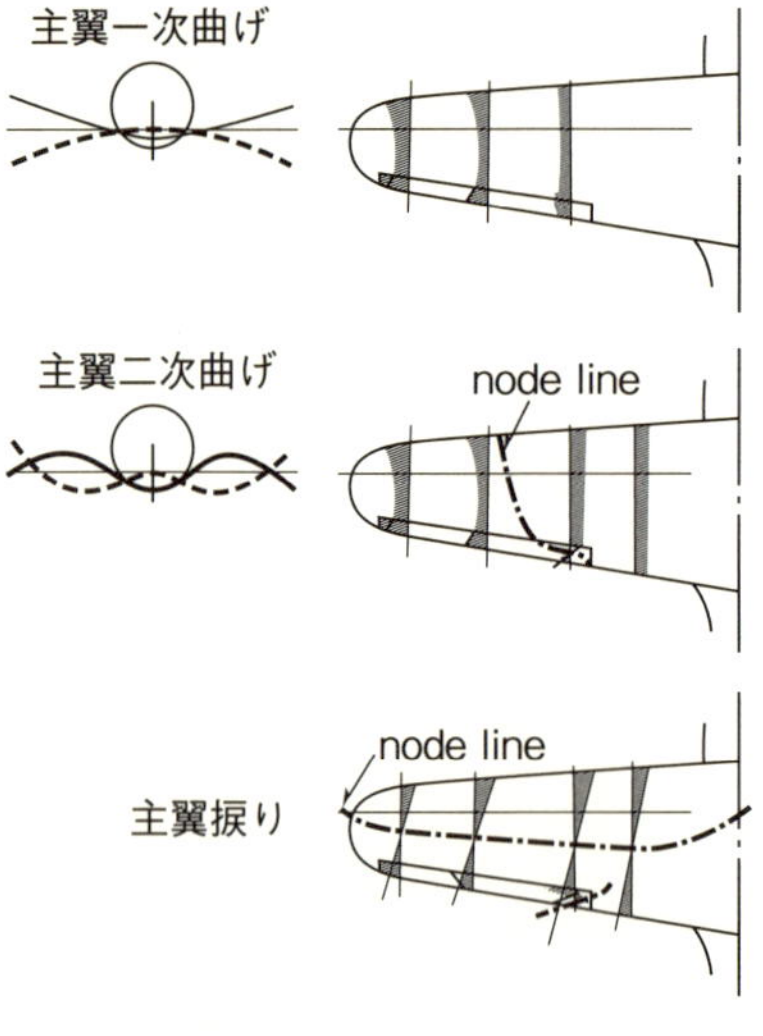

主翼振動試験　曽根資料スケッチより作製

十二試艦戦の振動試験は供試体をゴム紐で水平に吊上げ、モーターで加振する方法で実施されている。試験では主翼の1次曲げ、2次曲げ、捩りおよび胴体尾部捩りのデータが取得されるとともに慣性軸、弾性軸等を計測し、模型試験に反映することを指示している。松平精技師は明治43年1月15日に生まれ、東京大学工学部船舶工学科卒後、海軍航空技術廠飛行機部に入廠。振動学の研究を命ぜられDen Hartogの『Mechanical Vibrations』を精読して海軍きっての振動学の専門家となった。ここで松平技師は実機供試体の振動データと模型実験を突き合わせてデータの判断を実施する迅速で合理的な手法を採用している。このことが後の十二試艦戦の事故解明に生かされる。（第10章で詳述）

供試体を使用した振動試験では、フラッターとなる傾向もなかったことが示されている。九六艦戦の場合、全金属製の応力外皮構造を採用したことでそれ以前の鋼管羽布張りの機体より格段に強く、また、露出された固定脚の抵抗増により、急降下速度も高くなり過ぎないために、九六艦戦の開発では、フラッターに関する問題が生じていない。このような経緯により、十二試艦戦の開発における当初のフラッター模型試験で、十分高い速度までフラッターが生じないとの結果に疑問がもたれなかったことは無理からぬ事であった。

十二試艦戦の強度試験（その1）

十二試艦戦の強度試験では重量軽減を徹底するため、安全率の適用についても踏み込んでいる。構造部材に加わる荷重は引張りと圧縮に分けられる。今、長い柱状の部材を引張ると破断するまで同じ形状のまま荷重に耐えるが、圧縮の場合は簡単に折れてしまい大きな荷重に耐えることができない。この二つの荷重場合に同一荷重に耐えることを要求するのは規定がおかしいとするのが堀越技師の考えであった。したがって、引張りは規定の1・8倍、圧縮では1・8倍よりも低くてもよいと、圧縮荷重に耐荷する縦通材は安全率を下げて評価すべきとの考え方が適用されている。

当時の戦闘機の最大荷重倍数は7Gが制限荷重で、この荷重まで変形は許容されるが永久変形が生じないことが要求される。制限荷重に安全率1・8を乗じたのが終局荷重で、この荷重に到達するまで破壊してはならない。この1・8という安全率は現在では精度の向上に伴って1・5が適用されている。

ここで取り上げる上屈試験は着陸の場合に生じる荷重で、ハードランディングなどにより、胴体の縦通材の上側に大きな圧縮荷重が入る荷重の場合である。

一方の下屈試験は機体の引起こし時に生じる荷重で、高速で急激な引起こしにより、胴体に大きな引張りがある荷重の場合である。

報告

目的　Ａ６Ｍ１荷重試験立会並びに連絡

立会者　技術部設計課技師　曽根嘉年、東條輝雄

日時及び試験項目

　昭和14年４月15日

　　水平尾翼風圧中心後方位試験

　　　　　　　　　　　（東條立会）

17日

　同　右　　　　　　　前方位試験

　　　　　　　　　（東條、曽根立会）

18日

　胴体上屈試験　（曽根立会）

19日

　胴体下屈試験　（　〃　）

　水平尾翼破壊試験

成　果

(1)　水平尾翼は規定の強度及び剛性を有す。風圧中心後方位負荷の場合保安荷重の２・３倍に耐え、２・４倍にて破壊せり（水平安定板後桁引張側破壊）

(2) 胴体は下屈荷重に対し規定の強度及び剛性を有す。保安荷重の2・1倍にて第6隔壁下部座屈にて破壊せり。

胴体

(1) 上屈試験

試験装置

胴体基準線水平となる如き正姿勢に発動機部を鉄塔に取付け主翼桁を支持し上面に鉛嚢を格納して主翼固定す。尾輪に図の如く合力を負荷す。

試験結果

保安荷重の0・8倍にて天蓋レール下部外板に皺著しく発生し胴体後部の撓みも激増し始めたり。保安荷重1・0倍に於いては該部の皺極めて顕著に露れ第15隔壁の上部撓み14㎜に達したり。

外板の皺発生の個所及び状況より判定するに胴体前部が発動機架を通して反力及びモーメントを受持ち、主翼の反力は少なく、実際の着陸時と荷重の伝達状況が相違する如く見受けられたり。

故に、保安荷重にて試験中止のこととせり。

(2) 下屈試験

試験装置

上屈試験に同じ

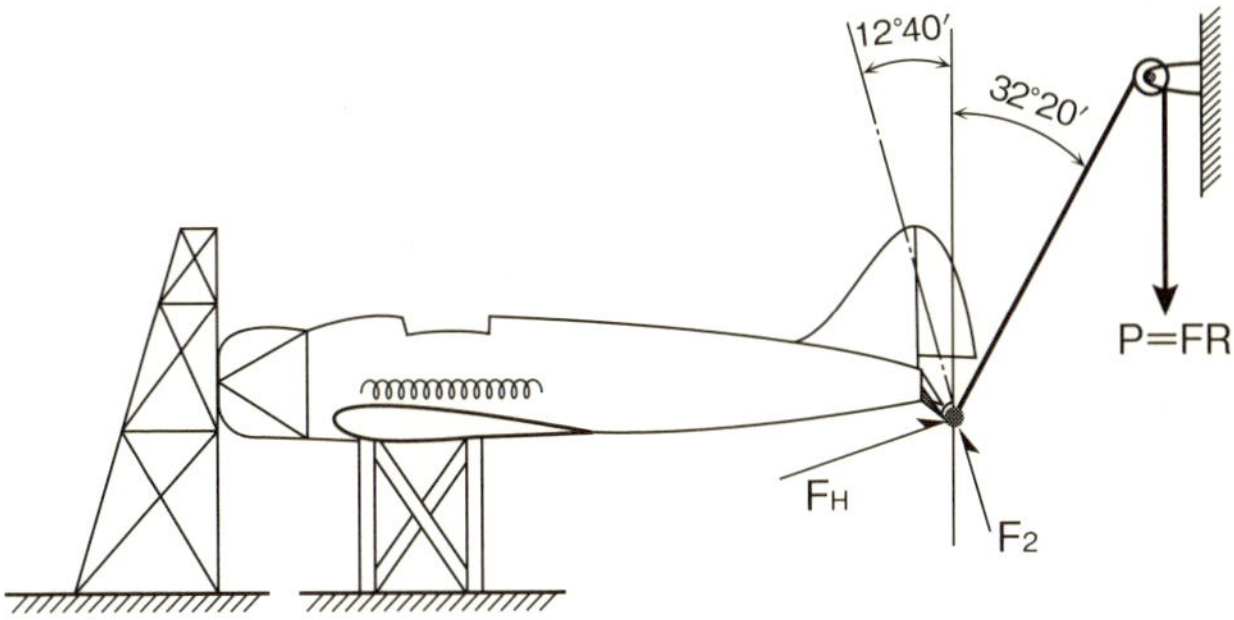

上屈試験　曽根資料スケッチより作製

試験結果
保安荷重の２・０倍に耐え、２・１倍にて破壊す。破壊は、第６隔壁前方約80〜１００㎜の間の下部が縦通材座屈を起して内方に凹み、第６隔壁後方が僅か凸型となれり。

上屈試験では保安荷重（制限荷重）に到達すると大きな皺が顕著に発生したため、これ以上荷重を増大することを中止している。荷重の負荷状況を確認すれば試験と実際が異なり、発動機架を通じて反力が入っているので、保安荷重（設計荷重）１００％まで負荷して終了としているが、縦通材への圧縮荷重であることと、１・８の安全率をクリアするためには大幅な補強が必要となるため、これで強度は確認したと思われる。

下屈試験では保安荷重の2・0倍に耐荷して終局荷重を超えた2・1倍の荷重で完全に破壊している。良好な試験結果であったといえるだろう。

十二試艦戦の強度試験（その2）

強度試験で大きな荷重が入るのは主翼である。曽根技師は主翼荷重試験の結果を総括評価し、判定を行った状況を報告している。なおこの際、機体の重量が計画重量の２２６６kgから開発が進捗するのに伴い２３２７kgに増大した状態で評価を行っている。

目　的　Ａ６Ｍ１主翼荷重試験
期　日　昭和14年６月23日
場　所　横須賀海軍空技廠飛行機部
報　告　去る21日に実施されたる主翼Ａ場合試験にて主翼荷重試験は全部終了せるを以って今までの成績を総合し、本機主翼の保有する強度は下記の如く判定さるることとなり。
出席者　官　小谷部員　東部員　高山部員
　会社　曽根技師
(1)　本機は、計画重量２２６６kgにて強度を算出し設計しあるも、実際機体は重量増加し、第４次重量推算にて全備重量２３２７kgになれり。依って、主翼の強度も増加重量２３２７kgに対し検討することとす。

(2)　Bの場合は、増加重量2327kgに対し規定保安荷重6・64Gの1・8倍に耐えたり。

(3)　Aの場合は、増加重量2327kgに対し、保安荷重6・8Gの1・8倍に耐えたり。増加重量2327kgに対してAの場合規定保安荷重7・0Gに耐ふる如く、補強を要す。

(4)　Aの場合、負荷に対する補強として荷重試験の破断個所前桁下フランジ9番肋骨取付部鋲配列を変更する程度にて、可なるを以って第3号機より実施のこと。

(5)　急降下の場合の岐点圧qcにて許容し得る保安荷重倍数は何Gなるかを計算にて判定すること。

主翼Aの場合　荷重試験成績

(1)　負荷要領及び荷重

左翼は、Bの場合試験にて破壊せるものを補強し、鉄型材枠にて鞏固に固定し、試験は、右翼のみにて実施す。

胴体其の他の支持法はBの場合の試験と同要領なり。

翼上面（実際は翼に対して下面）に負荷する鉛嚢は、前後桁上にのみにて支持し肋骨及び外板上には直接負荷されざる様にしあり。

全備重量2266kgとして算出せる空気力、慣性力に相当する荷重を負荷せり。

即ち荷重は、計画重量に依り強度計算書記載のものと同一なり。

(2) 試験経過

午前試験中荷重倍数1・6倍に於いて搭載鉛嚢傾斜し殆ど全部崩壊せり。依って、午後より再試験を実施す。再試験に於いて1・8倍に耐え、1・9倍を負荷し「ジャッキ」を下して完全に外れて約10秒後に破壊が起こりたり。

(3) 破壊個所及び破壊荷重

第一次的に破壊を起こせるは、前桁下部フランジ9番肋骨取付部にて、鋲孔に沿い破断せるものなり。

第二次的に9番肋骨より翼端に至る間の桁と外板との結合鋲が殆ど全部切断せり。此れは桁破断部より外方が前桁の破断により後桁を中心として著しく捩れたることに起因す。

破壊個所（前、下桁フランジ9番肋骨部）に於ける荷重を増加重量に対して比較せば

計画重量	増加重量	備考
2266kgに対する荷重倍数	2327kgに対する荷重倍数	
1・8	1・746	耐えたり

１・８５４	１・８		？
１・９	１・８４３		破壊
		以上	

Ａ場合：荷重がかかる初期状態
Ｂ場合：荷重がかかる最終状態

十二試艦戦の強度試験の結果は計画重量２２６６kgに対して耐荷し、増加重量２３２７kgに対してはギリギリ満足するか少し補強が必要との結果が得られている。

現在のトーナメントを介して油圧アクチェータで負荷されるのではなく、鉛弾帯を重ねて人力で荷重をかける強度試験で達成した結果は満足すべきものであった。

この強度試験結果は規定を満足するピッタリの数値であったことが分かる。計画のとおりの構造重量にできあがったことで、厳しい要求性能を満足する機体が実現し、堀越技師は大いに安堵したと伝えられている。

全機振動試験は、飛行試験に供する機体と同じ状態の供試体を地上で宙吊りにし、モーターで加振して機体の振れを計測する。十二試艦戦の試験では曲げ一次、二次および捩りとも異常がなく、フラッターの傾向はない、と結論が出されたが、飛行試験で二度フラッター事故が発生している。飛行試験機ではバランスタブの折損などが原因で事故となったが、振動試験結果からは予想できなかったことであった。九六艦戦でフラッター関連の事故がなかったために予測が楽観的になったといえるかもしれない。

十二試艦戦供試機の強度試験は機体を極力、軽量化するための努力を確認する場面であった。規定される強度ギリギリを目指し、供試体を補強しながら試験を続けるストレッチ・メソッドを採ったため、試験期間が長期となり、供試体も複数機を要することになった。これには海軍側の軽量化を実現するための全面的な支援が必須であった。この官民の共通認識は開発に関連した会議での議論を通じて醸成されたと考えてよいだろう。官民の一致協力する開発は、十二試艦戦の成功以降、影を潜めることになる。

強度試験の結果はギリギリを狙った通りの機体を実現することができたといえた。それは計画重量から次第に増加する機体重量ではさらに補強しないと強度が規定を下回るほどのものであった。

要求性能を満足させるための軽量な機体の実現は、一方で実運用に対応した発展の余裕を奪うこととなった。贅肉を極限までそぎ落としたことで実現した驚異的な性能は結果として、戦いの中で戦訓を取り込み、エンジン馬力を向上させて速度、上昇力を高め、武装を強化する、あるいは防弾性を具備するなどの対策を適用しづらくした。何らかの対策でも零戦の優れたバランスを崩すことになってしまうからである。この結果、栄エンジンの過給機を2速とし、出力を向上させた三二型以降の機体への発展はできたが、金星エンジンの搭載は終戦近くまで実現できなかった。一度出力、重量の大きなエンジンを搭載すると補強などの大規模な対策が必要となるためである。

過酷な要求性能を満たすため、長期的に性能を向上させて対応することが困難な開発とならざるを得なかったためである。

第10章　十二試艦戦の飛行試験（フラッター事故）

海軍の十二試艦戦の開発は昭和14年4月の初飛行以来、順調に飛行試験を進捗させていた。1000馬力に満たないエンジンを装備した機体としては同時に実現することが困難な航続性、上昇性能、高速性および運動性の厳しい要求性能についても、ほぼ満足する見通しが得られつつあった。懸念された20㎜機銃の命中率も十分に高いことが確認されており、制式化と量産の準備を開始し、大陸での攻撃機掩護の実戦投入が検討され始めていた。そうした技術的課題の対策が急がれていた時に試作2号機が墜落事故を起こした。

恒速プロペラの試験のためダイブ飛行中に、唸り音とともに機体はバラバラになって海面に落下した。衆目集まる中での事故であったため、海軍は全力をあげて事故調査を開始し、この事故調査の報告は曽根技師により詳しくまとめられており、資料としての価値が高いと認められる。

さらに本機が制式化され量産が進みつつある翌年4月に発生した、下川万兵衛大尉による零戦二一型による急降下試験時のフラッター事故は関係者に強い衝撃を与えた。

第10章では、十二試艦戦開発の正念場ともいうべき局面で起きた2つの重大事故について記述する。

十二試艦戦第2号機の事故

所長　御中

技術部第一設計課　堀越二郎
曽根嘉年

出張報告

一、目　的
A6M1　第2号機　事故調査に関して連絡のため
二、行　動
昭和十五年三月十五日　午後十時十四分名古屋駅発
〃　十六日　空技廠飛行機部に出頭
〃　十八日
〃　十九日　二十日　午前五時五十五分熱田駅着
三、報　告
去る十一日A6M1第2号機に事故発生以来、空技廠は本事故の原因探求のため十二日の会議にて調査方針及び各部の担当項目を打ち合わせせられ「慎重、迅速、且つ先入主を去れ」をモットーとして鋭意本事故の解決に対し努力せられつつあり。

特に飛行機部は、本事故調査機関の核心部にして、各部員共受け持ち部門の調査に専念せられし以来、数日は全くＡ６一色に塗り潰ぶされたる状態に見受けられたり。

三月十八日に事故調査委員会を開催さるとのことなり。三月十六日、飛行機部に於いては委員会にて発表すべき項目に就き全部内にての下打合せ会を開かれたり。下打合せ会には特に傍聴を許されたるを以って之に出席せり。十八日午後一時より開催されたる委員会には会社側の列席は許されざることとなり会議終了後、会議の状況及び顛末に関し飛行機部山名部員より御説明を承りたり。

三月十九日は飛行機部高山及び東両部員より第２号破壊状態に関連せる技術指導項目の説明及び打合わせありたり。

○飛行機部内　事故調査下打合せ会記事

時　三月十六日　１０００〜１７００
所　飛行機部長室
人　松本部長
　山名設計主任以下約十名の部員

松本飛行機部長
　事故原因探求の順序として機体各部の破壊順序を系統的に把握し得れば効果ある

結論に達し得べし。慎重に各部の破壊状態を調査研究するを要す。

山名部員

主翼破壊状況

右翼補助翼外端蝶番金具が主翼より抜出して外れ補助翼が翼端部にて上下に振れ「キングポスト」より外端部が上方に折曲がりて折れて飛んだ形跡を認む。次いで「キングポスト」より内方部も主翼と分離し後方に吹飛ばされたるものの如し。此の時内方部補助翼は水平尾翼右側前縁及び垂直尾翼右側面に打付かりたる痕跡あり、即ち補助翼が右水平尾翼に当たりたる部分の凹みは両者の形状良く一致し居れり。

補助翼が当たりたるため右側尾翼前縁部及び前桁取付部付近を破壊せるは殆ど確実に見受けらるも之がために尾翼全体が破壊を生ぜしや否やは大いに疑問なり。

主翼（右側）後縁フラップ部分が一塊となりて後方に吹飛びて垂直尾翼付根に右側より突当りて之を後方に押倒したる形跡あり。

翼右主翼翼端部は頭下げ方向捩りにより破壊し居れり。

端部分が最初破損変形し之がために補助翼外端蝶番金具が取付部分に弛みを生じ抜け出した様にも見受けらる。翼端部の破壊状態を更に調査の要あり。

発動機架破壊状況

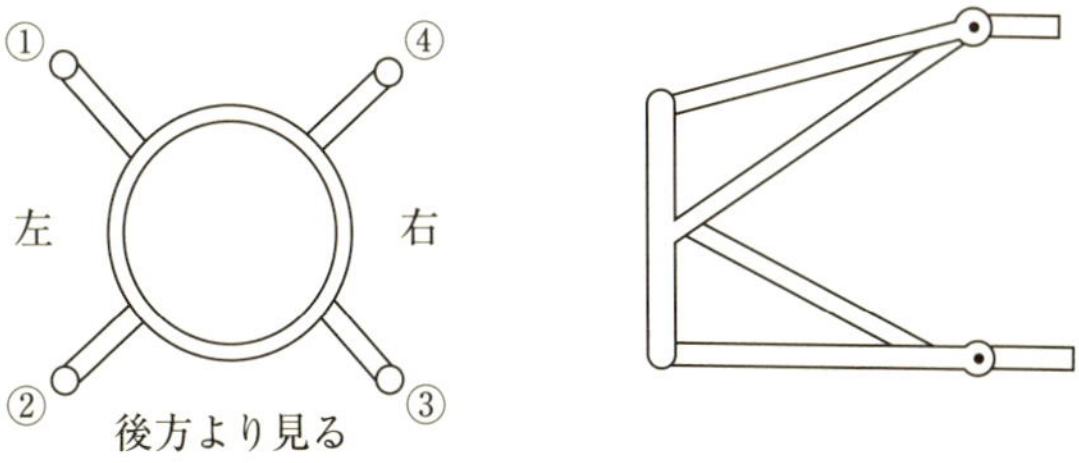

発動機架破壊状況　曽根資料スケッチより作製

増本部員

支柱①②は取付金具を持ちて縦通材を引きちぎりて胴体より離れている。①②は共に引張にて破壊し、最初に胴体より分離したる形跡あり。

③は支柱が破損し付いて居らない。

④は支柱が折れて且つ扁平に圧縮されている。

③④は①②に次いで機体より分離し発動機部分は左から右に首振りをして脱落せる様に見受けらる。

④の支柱管が扁平に圧縮されているのは水面に落下せる際に変形せるものと思わる。発動機が機体より脱落せる状況より見て次の如く考えらる。

即ち、右翼が切断されたるため左翼のみの抵抗力により急激に機体が首振りをなし、発動機部は慣性力にて右に首振りプロペラによる上向きジャイロモーメントと組合し考えると発動機架左下取付部が一番過酷なる荷重を受けるため此の部分より分離し始めたり。然れども此の荷重を計算にて推定せば極めて小なる数値なり。

プロペラ破壊状況

変節用滑座金具及び翅固定ピン（4個共）破壊せる翅翼一本ありたり。

滑座金具破損せば、翅節（筆者注：プロペラブレードのこと。これが、取り付けピンの破損により1度30分のガタが生じるとの報告である）が一度三十分ガタとなる（実験にて）

翅固定ピンは計算にて450kg－mの捩りにて破損するも実験にては570kg－mの捩りまで堪えたり。

飛行中実際に起きる捩りモーメントは

Max speed air force 2・9 kg－m Centrifugal twisting moment 44・0 kg－m

Counter weight centrifugal moment 92・6 kg－m

（20°変節用のものを38°bladeangle においた値）

なるを以って飛行中に破損せるとは考えられず海面に突入せる際に破損せるものと思わる。

翅節一度三十分がたとなりたる場合は

発動機回転数	2000	2500	3000
プロペラ回転数	1450	1820	2180
推力不平衡力kg	17	30	45
トルク不平衡力kg－m	14	27	30

然るに振動試験の場合に30kg－mの不平衡にて強制振動させても機体は大した振動を起こさない。

山ノ内部員

発動機は分解点検せるも異状を認めず以前に超高速回転をせる痕跡あるも事故直前に於いてはその形跡を認めず。

前田部員

操縦装置は自身にて破壊せる様に見受けられず即ち舵面が破壊し機体から飛び去る際に引切られたる様に見える。昇降舵及び方向舵は右から左に操縦装置を引張り破壊せしめたる跡あり。

フラップは作動筒及び切換コック共に閉の位置にあれり。

松平部員

尾翼昇降舵マスバランスが飛び去っている

マスバランス無しの場合を一号機にて振動実験を行いたる結果

６２５／毎秒にて１７０kt

９５０／毎秒にて２５０kt

右速力にてフラッターを起こす可能性あり。但し、推算式が極めて乱暴なる仮定に拠れるものなる故、上の数値の信頼性は乏しい。
結論として250kt附近にて尾部フラッターを起こすこともあり得ると云える程度なり。

以上の如き説明及び報告が各部員より提出されたるも何れも確固たる結論に到達せず、結局、今後の調査方針として次の項目を研究のこととなれり。

一、一号機の翼端部調査
（翌日調査せるも異状なし）
二、翼端部荷重試験
（翌日荷重試験実施せるも強度充分なり）
三、発動機架脱落荷重の原因探求
四、フラッター研究
五、右補助翼破壊の原因
六、右補助翼外方蝶番金具が疲労を起こしていたか

この事故は制式、量産を控え開発の最終段階にあった十二試艦戦において重大な事態であった。海軍は直ちに全力を挙げて事故の原因調査を開始した。

事故が発生した際の飛行試験の目的は、恒速プロペラの過回転対策であった。恒速プロペラはスロットル開度に応じてプロペラのピッチ角を変化させ、常に高い回転数を維持する画期的なものであったが、追随性が十分ではなく、戦闘機のような激しいエンジン出力の変化を伴う機種では、まだ調整の余地があったと思われる。

このためエンジン過回転が事故の原因ではないかとの疑いを抱いたのは当然であるが、事故調査委員会の方針として「慎重」「迅速」とともに「先入主（観）を排除」が取られていることから、急ぎつつも可能な限り冷静に対応するよう心掛けていることが分かる。

出席できない会議の状況について、曽根技師は山名技師から説明を受けている。山名技師からは既に九六艦戦の開発時の不具合対策、改善などで指導を受けた経緯がある。曽根技師の報告から、山名技師が系統的な機体の破壊過程を矛盾なく解明するよう心掛けていた様子がうかがえる。戦後のことだが、山名技師が全日空のボーイング７２７墜落の事故調査委員を務め、一貫した考えに基づく見解を書物で公表されたことを髣髴《ほうふつ》とさせる。

各部員の報告を比較すると、松平部員の報告が正鵠《せいこく》を射ていたことが分かる。墜落して破壊された機体から昇降舵のマスバランスが破断し脱落していることに着目した松平部員は、このマスバランスがない状態でフラッター速度がどうなるか振動試験を直ちに実行し、約２５０ktで昇降舵のフラッターに入る可能性があることを指摘している。事故が発生してから、わずか５日後の報告内容であることを考えると驚くべきことである。

この報告を踏まえ、４月８日に事故原因の解明が満足すべき結論に至ったとの報告が上がる。

十二試艦戦第2号機事故の解明

所長　御中

技術部第一設計課技師　曽根嘉年

昭和15年4月8日

Ａ6第2号機事故調査経過に関する件　御報告

Ａ6第2号機は、次に述べる如き調査の結果により、事故の原因を探求し得たり。即ち、「地上滑走中に昇降舵マスバランスが横振れ振動をなし、之の繰返し振動荷重により、マスバランス取付腕が疲労破壊生起し、マスバランスが取付腕より脱落せり。以上の状態の儘にて離陸し更に試験飛行中、機速約250kt附近に於いて昇降舵質量不平衡に起因する尾部フラッターを生起し全機は激烈なる振動をなし、各部の破壊分離を惹起し空中分解に至れり」なる結論を実験及び推論に依り満足し得べき程度に証明し得たり。

経過次の如し

一、第1号機が昇降舵「マスバランス」脱落せる状態にて飛行実施せる時の振動状況横空に於いて○○二空曹が試験飛行中、高度2000mより約30度の降下をなし機速250乃至260ktに達せる折、機体が激烈なる振動発生したることあり。○○二空曹談によればその時は主翼及び発動機部は甚だしく振動し此の儘直ちに引き起こせば空中分解に立ち至るやも知れずと感じ、徐々に静かに機体を引き起こしたるに振動鎮まりたるを以って着陸し、直ちに分隊長に報告せり。
○○二空曹は、機体振動せる折に座席の振動は大したことはなかったと言っているも、飛行機部にては、此れは感じの誤りならんと考え居らる。
分隊長は、翌日、振動状況調査のため、飛行実施せらしたるも、○○二空曹の経験せられたる如き振動は発生せず然し尾部にゴツゴツと物の当る感じがあり、又操縦桿の動きに異状あるため機体は直ちに実験部に運搬し調査を依頼のこととされたり。

　実験部にて機体点検の結果、昇降舵「マスバランス」脱落し居るを発見せり。

二、模型による尾部フラッター実験
飛行機部にて尾部フラッター実験のため1／20風洞模型を製作されたり。模型は、二日間にて製作されたるものなる由、添付に示す如きものにして主翼、胴体等各部の剛性比（固有振動数の比）は実機のそれに一致する如く製作され居るものなり。

　模型は昇降舵「マスバランス」無き状態にて風速約10ｍ／ｓにてフラッターを生起す。之を実機に於ける機速に換算せば約２５０～２６０ktとなる。フラッターを生起せる場合の全機の振動態は図（省略）の如し。即ち斯くの如き振動にて破壊する場合は第２号が破壊を正ぜし状況類似の状態を呈するものと想像し得る。

三、昇降舵「マスバランス」取付腕の破壊状況　図の如く腕の首部鉛取付鋲孔に沿いて破断し居れり。

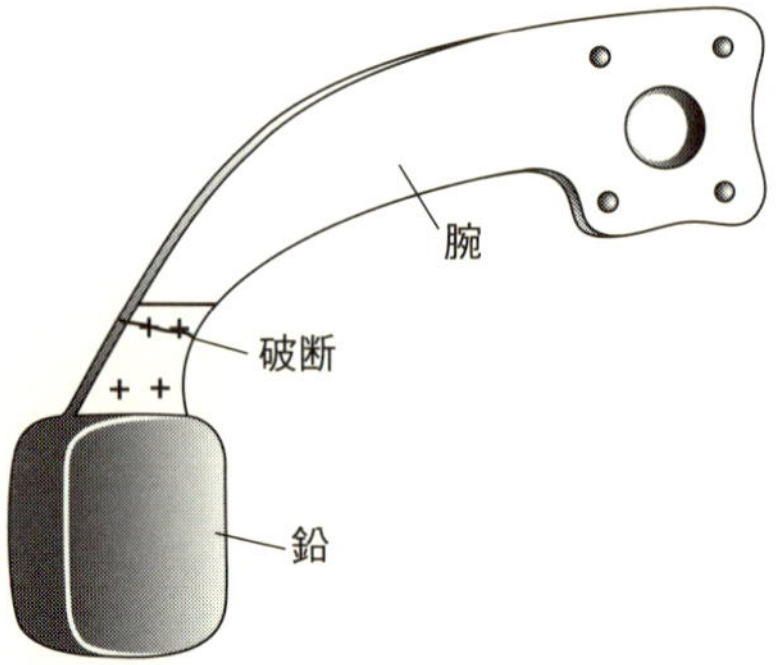

昇降舵マスバランス破損状況　曽根資料スケッチより作製

此の破断は該部に衝撃を受け破断せるものなるか或いは振動による繰り返し荷重にて破断せるものなるかを実験にて調査されたり。

実験に依れば衝撃荷重にて腕が曲がるのみにて折損することなし。

繰り返し曲げ荷重にて（首振り振動）疲労の生起せる場合に第2号機と全く同様なる破損状況を呈すること実証されたり。

四、飛行中「マスバランス」に作用する荷重調査飛行中に「マスバランス」に作用する振動荷重は正常状態に於いては極めて小なり。
然れども、第2号機のプロペラは点検せるに変節用滑座金具が破壊し居りたる故、飛行中に滑座金具破損しプロペラピッチガタとなり、此のため振動を発生し「マスバランス」に如何なる振動を誘起せる

やは研究の余地あり。第1号機地上試験に於いて全機及び「マスバランス」腕の振動状況次の如し

（イ）滑座金具を取外したる場合は

……………………振動小なり

（ロ）プロペラ一翅のピッチを2°変節して固定したる場合

…全機の振動稍大なり「マスバランス」腕の振動により首部に生起する内力は約1・0 kg／mm² 程度なり

即ち飛行中に於いては「マスバランス」腕を破壊せしむる如き荷重は作用せずと推定し得。

五、地上滑走中に「マスバランス」に作用する荷重第1号機にて横空飛行場を地上滑走し「マスバランス」腕の振動状況並びに取付腕に生起する内力を調査されたり。

「マスバランス」腕首部に生起する最大内力約24 kg／mm²

六、「マスバランス」取付腕の疲労強度

「マスバランス」腕固有振動数　570～600／s

実験結果

	振動数	振幅	破壊に至る繰り返し数	鉛部のG
第1、2号機	535	55～60	1340	8・7～9・5
型式	565	60～65	3560	10・6～11・5

第3号機以降用型式のものは固有振動数　約1050／s

第3号機以降型式	1070	11・5	（5〜10秒破壊せず）	7・5
	1055	17・0	（〃）	11・5
	—	24・0	約5秒にて破壊す	11・0

即ち、地上滑走中の尾部振動により誘起せらるる「マスバランス」の首振り振動により取付腕に生起する内力は取付腕の疲労強度以上なるを以って斯くの如き繰返し荷重によりて「マスバランス」腕は折損することあり得べし。

第2号機の「マスバランス」取付腕は上述の事実及び実験結果より推論せば、地上滑走中の振動により疲労を生起し折損、鉛部脱落せるものと推定さる。

七、事故調査委員会

四月四日、事故調査委員会開催され、空技廠全体として以上の事項を全般的に承認され、事故の原因を決定されたる由後刻御通知ありたり。

以上

4月4日に事故調査委員会が開催され、第2号機の事故原因は昇降舵マスバランスの折損により尾部フラッターが約250ktで生起し、猛烈な振動により空中分解をして墜落したとの結論に至った。

まず、マスバランス脱落状態での飛行試験の事例が判明したこと。次に、剛性の相似模型による風洞試験にて実機換算約２５０～２６０ktでフラッターが発生することが再現されたこと。さらに脱落したマスバランスは、地上滑走中の横方向荷重により、短時間で破断に至ることが判明したことにより、この破断がフラッター事故に直結したとの結論が出された。かくして事故調査は、非常に明快かつ満足すべき結果となったことが分かる。これは関係者の努力の賜物であるが、剛性を相似させた風洞模型をわずか2日間で製作したとの記述が注目される。

零戦の昇降舵マスバランスは、従来その形状が明らかではなかった。筆者は、胴体内に設置され気流に晒されていないため、丸棒の先に円筒形のバランスウェイトの付いた最もシンプルな形状であると推定していたが、曽根スケッチを見て非常に驚いた。前方に湾曲した形状をしているのである。この形は、試作1号機の形態ではスピンからの回復特性が良くないと空技廠からの指摘を受け、水平尾翼を上方へ移設したことに伴い、昇降舵角を上下方向に確保するために湾曲させたことによると考えられる。この部材にかかる大きな荷重は上下荷重なので、強度確認はこの荷重で確認したと推測される。しかし、地上走行による水平方向の荷重に対しては十分な配慮がされていなかったため、水平方向の固有振動に近い比較的低い周波数の加振により軽減穴周りに早期の亀裂が入り、破断に至ったものと推定される。この部位が日常の点検で亀裂の有無を確認できないことが、重大な事故に直結したのである。この曽根スケッチは、有名な零戦のフラッター事故の原因となった昇降舵マスバランスの形状を初めて可視化した意味で、極めて重要な意義のあるものであると言える。

迅速な事故原因の究明により、実戦投入を含む十二試験艦戦の開発は、予定通りの進捗をみたのである。

A6M2補助翼バランスタブの装備

十二試艦戦の飛行試験で問題となり、解決が要求されていたのが高速時に補助翼が重いことであった。これには海軍側からの指導によりバランスタブを装備する措置が取られ、飛行試験で有効であることが確認されている。

所長　御中

技術部第一設計課技師　曽根嘉年

出張報告

一、目的

A6M2補助翼タブバランスの件

二、行動

昭和十五年九月二日

午前八時空技廠飛行実験部に出頭

午後三時　　　　　退出

三、報告

所　飛行実験部

人　瀬戸口機関少佐　真木大尉

高山造兵大尉　前田造兵大尉

Ａ６機の最初より問題として残されて居りたる高速時における補助翼の操縦が重いことに対して対策研究のため、空技廠に於いて補助翼に「タブバランス」を装備し飛行実験を実施されおり。

その成果は、高速時に於ける操舵力は適当となり、空戦中に於ける操舵は軽快となり、極めて快適なる感じが得られるに至り然れども「タブバランス」装備により、低速時の操縦は軽くなり過ぎ、１３０～１４０kt附近にて既に操縦桿フラフラとなり着艦（70～80 kt）時には気流悪き折には危険なる程度軽くなりたり。

飛行中に高速時には「タブ」を作動させ、低速時には「タブ」作動せざる如く出来れば本問題は完全解決を見るべし。

依って、会社に於いて「タブ」の切換装置の適当なるものを立案する様、申聞けありたり。

空技廠に於いては引続き「タブ」舵角の上方を大とし下方を小とする機構を考案し低速時の「タブ」の効きを低下さす方法を実験さるる予定。

更に別途に第二案とし「タブ」を装備せず前縁形状をスロット式に改造実験をさるる予定。

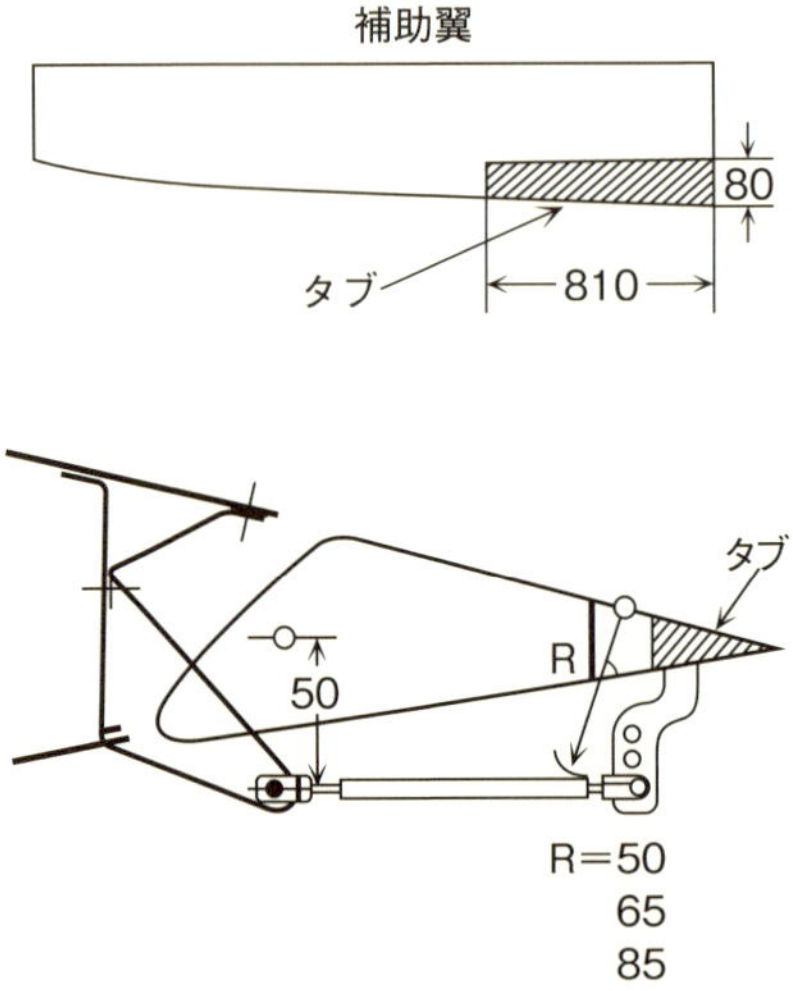

タブバランス　曽根資料スケッチより作製

この報告からは、前述のタブ装備の有効性とともに、これを装備することでフラッター速度がやや低下することも曽根技師は通知されていたことが分かる。しかし推定されるフラッター速度は５００kt以上と十分に高く、問題にならないと認識されていた。

昭和16年4月16日、空母「加賀」の戦闘機分隊長二階堂易中尉はタブを装備した零戦二一型（Ａ６Ｍ２）１４０号機に搭乗、急降下飛行で約３００kt付近で大きな振動が発生し、補助翼が失われたものの、辛くも着陸するという事態が発生した。翌日、横空の下川大尉がこれを確認するため、空母「赤城」から主翼に皺が寄るとして還納されていた１３６号機で急降下飛行試験を実施し、２回目の急降下で発生したフラッターによる事故で帰らぬ人となった。

曽根資料には、この事故から半月程経過した5月1日の事故調査委員会の記録が残されている。

A6M2下川大尉機のフラッター事故

所長　御中

技術部第一設計課技師　曽根嘉年

出張報告

一、目　的

A6M2　事故調査委員会に列席のため

二、行　動

昭和十六年四月三十日午後十時十分名古屋駅発

昭和十六年五月二日午前六時三十三分熱田駅着

三、報　告

A6M2事故調査委員会

所　航空技術廠庁舎　会議室

時　昭和十六年五月一日　午後一時より午後五時三十分

人　航空廠　和田廠長以下　関係者

航本　永盛部員　其の他
実施部隊　横空　加賀
会社（傍聴）　曽根、田中、西村、藤野
委員会経過次の如し
司会者挨拶　実験部長

一、事故状況
（イ）事故発生迄の経過
（ロ）事故機機体破損状況
一般的説明ありたり（堀越技師の出張報告に同じ）

二、事故原因調査方針並びに一般経過　（和田部員説明）
次に述ぶる諸事項に就き調査研究を実施し、（へ）項の補助翼動的不安定に関する量的研究を除き全項目に対する調査研究を終了す。

三、諸調査事項
（イ）事故に鑑み計画上考慮せし点　（和田部員説明）
本事故に関連あるものと推定せらるる主なる改造個所下記のものに就き、改造前のものと強度剛性の比較及び改造実施に当たりて特に考慮したる点を吟味し、本事故の直接原因たり得るやを検討せられたるも、特に原因（直接の原因）と認めらるるものなし。

（一）補助翼操縦装置関係六号より改造

（二）補助翼面積並びに「マスバランス」関係面積三号より変更　マスバランス八十七号より鋳物となる

（三）水平尾翼関係取付角八十七号より変更

（四）補助翼タブ装備関係百二十七号より装備

（五）主翼翼端折畳装置六十七号より装備

（ロ）機体構造工作法

最近の機体（133、134、137、140号）を試作当時の機体（6号）と比較するに工作の入念さに関し、多少欠点を認るも本事故原因直接関係は無きものと認めらるる。

（ハ）事故機体材料関係（材料部部員説明）本事故は材料の欠陥に依るものに非るものと認む。

（ニ）機体強度

各種試験を実施せる結果、本事故は静的強度上の欠陥に基づくものに非ざることを認めたり。

（ホ）補助翼静的不安定（疋田部員説明）　フリーズ型補助翼にタブ連動装置装備のため蝶番モーメントが上げ舵に於いて「オーバーバランス」となり補助翼操縦装置の剛性が舵角との平衡を保ち得ず高速時に静的不安定となり上げ舵一杯までとられる如くなり破壊するやを調査せり。

中型風洞に於いて実機の蝶番モーメントを測定せる結果は下図の如く上げ舵側に於いては蝶番モーメント負となり「オーバーバランス」の現象を呈することなし。依って静的不安定は生起せざるものと認めらる。

（ヘ）補助翼動的不安定（松平部員説明）　実機振動試験の結果は次表の如く特に試作当時の機体に対し変化を認めず。

	曲げ振動数	捩り振動数
供試機	680	2340
1号	635	1970
141号	600	2150

記　事

翼端折畳みのため曲げ振動数低下

次に1／8 Dynamic Similar の主翼模型による風洞試験結果及び動的不安定に関する研究調査結果は次の如し。

(1) 模型のフラッター限界速度（実機に換算）

(2) 実機は3G位荷重がかかると主翼捩れ剛性は25％位低下する故に引き起こ

し時にはフラッター限界速は400×$\sqrt{0.75}$≒350kt位になる

(3) フラッター実験は補助翼自由（即ち操縦装置の剛性　零）の状況にて実施せるも実機に於いては操縦装置の剛性及び「ダンピング」あり。此等を考慮せば更に限界速力は低下する傾向にあり。

(4) 補助翼マスバランスの変化により補助翼重心が変化せる場合は下図の如き状況にて「タブあり機」と「タブなし機」とは約10%位限界速力に於いて差あるものと思わる。猶、重心が蝶番中心より後方にある場合は激烈なる補助翼フラッターをなすを認む

(5) 実機に於いては荷重がかかると主翼の弾性軸が後方に移動するを認め、之はフラッター限界速力を低下せしむるものなり。

(6) 主翼捩り振動に於いては両舷非対称振動が普通なるも、胴体の質量大なる場合は左右舷（別々に即ち）対称にも振動をする場合在り。

(7) 風洞試験に用いたるフラッター用模型は実機との相似性につき、猶精確に検討の上試験成績を整理の要あり

四、(1)(2)(3)項に対する質疑応答

主なる質疑応答次の如し

(1) 普通のフラッターは搭乗者が振動を感じフラッターなることを確認し得るも今回の事故にて搭乗者がフラッターと感じたることなく、只、衝撃を感じたるのみなるは如何なる現象なりや

答、本機の補助翼フラッターは非常に激烈にして振動数は毎秒三十五位なる故、フラッターに入りて十分の数秒にて破壊を生起し衝撃に類似の感じを受けしならん。(松平部員)

(2) 垂直旋回等に於いてGをかけると主翼に皺が発生するが、本機の主翼は静的強度は充分なりや。又、皺の出る個所は特に他の場所に比して強度が弱き所なりや。

答、本機主翼は静的強度試験成果よりみるに各種荷重状態に対して強度充分なり。捩りを受けたる場合は皺発生により荷重を受持つ構造なるため皺発生すると雖も不安なし。特に皺の発生する個所は外板の板厚の変わりたる附近にして板厚薄き場所の皺顕著なるは当然なり。(疋田部員)

(3) タブが限界速力にいかに影響するや。

答、タブ自身の影響は殆ど無く、タブ装着により補助翼重心が後退せる影響により、限界速力約10%低下するものと思わる。(松平部員)

五、推定原因

直接の事故原因を「補助翼フラッター」と推定す。

但し、補助翼フラッターを誘発せる原因として単にタブ装着による補助翼質量不均衡にのみあるや否やは更に検討するを要す。

即ち、主翼上面外板の剥脱が最初に起こり、ために主翼剛性低下し、フラッター限界速力を低下せしことなきやを確認しおくを要す。

六、対　策

今後更に次の実験を実施し、補助翼フラッターに関連せる未調査事項調査の上五月十二日（予定）に次回委員会を開催、更に原因を究明し根本対策を決定のこととす。

今後の実験方針

（一）模型フラッター試験

（イ）精確なる限界速度の推算

（ロ）対策上必要と認む事項

（マスバランス、補助翼操縦装置の剛性増大、ダンパー装備等）

（二）強度剛性実験

（イ）一四一号による主翼外板離脱の検討

（ロ）外板剥離による捩り剛性低下の検討

1機体の使用制限は当分の間、次の如く定む。

(1)　タブを装着せる機体

２５０kt　以下
５Ｇ　　　以下
(2)　タブ装着せざる機体使用制限なし
（但し、全機プロペラの過回転防止のため３００kt以下に速力を制限し使用しつつあり）

補助翼はタブを装着せざる旧型のものに成るべく早き新製機より改造する様申聞けありたり。

会議終了後、航本永盛部員より

研究主任及び松平部員より申聞き事項

会社に於ても模型実験によりフラッター限界速度を推算し、九日迄に空技廠に結果を報告のこと。

以　上

零戦の育ての親ともいうべき下川大尉を失った零戦二一型の墜落事故だったが、前日の二階堂中尉機の緊急事態もあり、本件の原因究明は速やかに実施された。フラッター速度が十分高いとの推測を見直し、剛性と質量分布を厳密に相似させた風洞試験模型を直ちに製作しフラッター風洞試験を実施した結果、フラッター限界速度は約３５０ktとなり、今回の事故の原因が特定されたのである。

以降、厳密な動的相似模型を使用したフラッター風洞試験が使用されることになり、フラッター事故の発生はなくなった。

短期間に製作することが困難なフラッター模型を用意できたのは、田丸喜一氏という模型製作の匠の力によるところが大きい。田丸氏は大正元年に生まれ、高等小学校卒業後、見習工として横浜船渠に入社し工学院の夜学に通う。工学院造船科卒業後、海軍がスカウトし山名正夫技師の下で高圧風洞の設計を手掛けた。風洞模型製作に手腕を発揮し、形状、質量分布、剛性分布を相似させた供試体を短時間で設計製作して実験に供した。戦後は東京大学航空工学科中口研究室に在籍し、各種風洞模型を製作した。日本の技術を支えているのは匠達の存在であることは今も昔も変わらぬところである。

十二試艦戦の開発は2名の優秀なパイロットの殉職をうけ、フラッター風洞試験を有効に活用し、フラッター制限速度の推定法を高めることに成功した。

2号機の尾部フラッターは、想定外の地上走行荷重による横振れでバランスタブが早期に破断したことが原因となった。この亀裂が日常点検で確認されれば防げた事故であったかと思われる。現在の航空機は何らかの亀裂が進展しても次の点検までは破断をしないよう設計されている。

フラッターは重大事故に直結するため、多くの努力がはらわれている。零戦に始まるフラッターの推定方法の精度の向上により、それ以降の多くの機体開発で安全が確保できるようになった。

第11章　十四試局地戦闘機「雷電」

日支事変では漢口に陸上攻撃機および戦闘機を進出させた日本海軍は、成果を上げつつも敵地の航空基地であるがゆえに相手からも幾度か空襲を受け、少なからぬ損害を出していた。この対策として基地防空専用の邀撃戦闘機を取得する必要性が強く認識され、これがドイツからのハインケルＨｅ１１２の輸入につながったのである。この機体の性能が期待外れであったことから新規開発となり、開発されたのが後の十四試局地戦闘機「雷電」である。

局地戦闘機には基地に襲来する敵の爆撃機を撃墜するために、大きな上昇力、優越した速度性能ならびに強力な武装が必要とされる。海軍としては最初の陸上基地作戦用の戦闘機の開発であったため、さまざまな試行錯誤があり、要求性能の取りまとめに苦心している。

６００㎞／ｈを超える空冷エンジン戦闘機の技術課題

戦闘機が単葉、全金属製に進化して零戦の最大速度も５００㎞／ｈ（２７０kt）を超え、いよいよ600km／hに近づいていた1930年代の後半、空冷エンジン装備機では高速性能の実現が難しいという説があった。当時の、粘性を省略した仮想の流れでの計算でも、形状が円柱の場合、音速の0・4倍を超すと最大径部の流速が加速され、衝撃波が発生して抵抗が急増することが知られており、水冷エンジン装備機より前面面積が大きくなる星形空冷エンジン装備機では600km／hが限界速度になると認識されていた。このため多くの先進国では水冷エンジン装備により高速性能を実現することが主流となっていたのである。

一方で、空冷エンジンは軽量で信頼性が高く実用性が優れているため、これを空気抵抗が少なく装備する方法が研究されはじめていた。

わが国でも十二試艦戦と同時期のキ-四六「新司偵」が最高速600km／h以上を要求されており、三菱は東大航研の河田三治教授の指導を受けて流麗な機体形状を実現させている。また陸軍のキ-四四（後の二式単座戦闘機「鍾馗」）の開発でも600km／h以上を要求され、翼面荷重を高くした思い切った機体を開発している。

ドイツでは水冷エンジン装備のメッサーシュミットBf109の補助戦闘機として、空冷エンジンを装備した新戦闘機、Fw190がフォッケウルフ社で開発された。Fw190の開発では直径の大きなBMWエンジンを搭載するため、カウリング前方を絞り込み、ダクテッドスピンナー（最大速度が600km／hを超える辺りから機体周りで音速に近づく場所が生じる。空冷エンジン機のカウリング周辺も注意が必要である。この部分で圧縮性の影響を低減させる目的で発案されたのがダクテッドスピンナーである。通常より直径を大きくし中央部分に冷却空気を通す工夫をしている。）

「雷電」二一型　三五二空　青木中尉機　昭和20年　於：大村飛行場　©野原茂

として、空冷ファンでシリンダーを冷却する方式を採用した。飛行試験を開始すると冷却能力が十分ではなく、この形式を止め、エンジン直径ギリギリのＮＡＣＡ式カウリングに空冷ファンを使用するように変更した。エンジン直後の胴体には排気管を並べ、ロケット効果を狙っている。その結果Ｆｗ１９０は、水冷のＢｆ１０９や英国のスピットファイアより優速の傑作戦闘機となったのである。

米国陸軍では高性能化のため水冷エンジンの搭載が主流となっていたが海軍は実用的で信頼性がある空冷エンジン搭載の戦闘機を推進している。初めて２０００馬力級のＰ＆ＷＲ２８００を搭載したチャンスヴォートＦ４Ｕが開発され、エンジン直径ギリギリの

NACA式カウリングで逆ガル型式の機体を採用して初めて400マイル（640km／h）を超えた空冷戦闘機として大いに喧伝されている。

海軍最初の局地戦闘機となるM-20（十四試局戦「雷電」の海軍試作名称）の開発は、列強の空冷戦闘機が600km／hを超えようとしている時期にはじめられている。

十四試局戦の要求性能

出張報告

昭和十五年三月九日　空技廠にて航本　永盛部員に面会

M-20の件

航本　永盛部員より、M-20の件に関し以下の如くお話しありたり。

M-20は、先日計画審議も終了せるを以って一ヵ月以内に正式の計画要求書発令さるる予定なり。先日の計画要求審議会にて決定せる項目中、会社宛て内示したる数値と以下の点異なりたり

着速　　70kt以下

発動機出力　　1300馬力／6000m

　　　　　　　1470馬力／2500m

離昇時　　離昇馬力使用せず。離昇時に離昇用燃料を使用するための取り扱い

及び装備を簡単にするため離昇馬力１５００は使用せず。

離陸距離　３００ｍ以下

発動機延長軸寸度　差当たり５００㎜と決定

但し、会社にて不具合の点或いは別個に希望あれば直ちに航本宛、願出ること。

成可く早期に計画要求を航本宛、提出され度し。（前回、会社より提出の資料は、Tip Speed（筆者注：プロペラ先端速度）が音速に近し、更に研究のこと）空技廠にて試製す。

以上に関し近日中に関係者、航本に出頭、詳細打合わせ願えれば好都合なり。

以　上

M-20は昭和15年3月、十二試艦戦2号機のフラッター事故が発生したのと同時期に海軍航空本部の永盛義夫部員から、すでに内示された要求性能の改訂内容が伝達されている。この改訂内容には着陸速度が70kt以下とし、離昇馬力を特別な燃料を使用せずに少し下げることが示されるとともに、エンジンは延長軸を用い、差当たり５００㎜とすることが明記されている。また延長軸の長さは開発の進捗により変更することが可能であることも示されている。

続いて4月4日に永盛部員から計画要求書に関する追加事項の通知があった。

出張報告

昭和十五年四月四日　航本にて

永盛部員より下記の事項、申聞けありたり。

M-20機の計画要求書（正式のもの）は四月二十日より三十日の間に発布せらる予定なり。航本としては本機の完成を次の如く希望す。

供試機　十六年一月末　完成

（強度試験供試機）

1号機　十六年三月末　完成

2号機　十六年四月末　完成

之に対し会社側の計画予定を通知され度し。

猶、M-20計画要求性能として内示せるものの中、下記の点追加されるを以って通知す。

○着陸滑走距離は600m以下とし、成可く小となすこと。

○搭載燃料は、全速にて0・7時間を正規搭載量とし、燃料タンクは1・0時間分の容量を有せしむること。

○巡航時は、40%出力にて4・5時間以上航続力を有すること。

○落下傘は背負式（空技廠式）とす。重量9・0kg

○急降下時qc＝2650kg／m²（即ち3000mにて465kt、音速の75%）

以上

追加事項の中に注目すべき性能要求がある。それは急降下制限速度である。動圧2650kg／m²、高度3000mで465kt（862km／h）、0・75マッハと示されている。この当時は流れの中に音速に到達する遷音速領域の研究は未知の分野であった。風洞試験でも実際に音速近傍の計測ができる高速風洞は存在せず、戦後になって、マッハ1を突破するために多くの事故が発生している。音速付近の空力特性が計測できるようになったのは、計測部周りを多孔壁として機体から発生する衝撃波を壁面で反射しない工夫をした遷音速風洞が確立してからのことである。

十四試局戦はこの圧縮性の問題と戦う必要があったのである。つまり0・75マッハまで機体周りから衝撃波の悪影響を発生させない工夫が必要となったわけである。堀越技師はこの問題を回避するため、前面面積の小さいDB601などの水冷エンジンの搭載を希望したが、これは拒絶され、直径の大きな「火星」を指定されることになった。

海軍は「火星」を搭載しながら高速性能を満足するため、延長軸を採用してエンジン前面を絞り込み空冷ファンによりシリンダー、油冷却器を冷却する方式を採用することを指導した。これは同時期に開発していたドイツのフォッケウルフFw190V1／V2と同様の方式であった。

Fw190は、「圧縮性の影響による空気抵抗の増大を防ぐため」、試作1号機、2号機が前述のとおり、ダクテッドスピンナーで、エンジン前面を絞り込み、空冷ファンによりシリンダーを強制冷却する方式を採用している。しかし、冷却能力不足により、エンジンがオーバーヒートしたため、この方式をやめて、通常のNACA式カウリングに空冷ファンを残す方式に改めている。
カウリング内を空冷ファンで冷却する場合、その流路を適切に設計しないと冷却能力不足からオーバーヒートを招くことがある。雷電の場合でも、エンジン出力が向上した後期型では、潤滑油の冷却能力が不十分となり、カウリング下方にオイルクーラーが突き出すように再設計されている。

出張報告
M-20官民合同研究会
昭和十五年六月七日　13：00～17：30
空技廠　会議室

経過の詳細省略
計画要求書中、所要強度に関する事項を補足項目として下記の如く申聞きありたり。
(一) 急降下の場合に於ける保安荷重は高度3000mに於いて機速（指示速度）400ktとして計算のこと。
此の場合の降下角　θ＝90°とす。

急降下制限速度465kt（0・75マッハ）の要求であったことが十四試局戦の設計に強い影響を及ぼしたといえるであろう。

緻密な性格の堀越技師は、大直径を装備する不利な条件を空力的に優れた形状により、克服するため、カウリングの前方を絞り込み、空冷ファンにより冷却する方法を採用した。このため胴体は前方から約40％に最大値のある紡錘形を採用している。主翼の翼型も最大厚さが40％の層流翼を翼根部に適用し、前縁半径が小さくなるため失速性が良くないことが問題となる翼端部には、従来翼を用いて失速時の自転を回避するよう工夫をしている。遷音速の空力に関する適切な解析法、実験方法がない状況で手探りで設計をまとめる難しさがうかがえる。翼根部に層流翼型を採用して、摩擦抵抗の減少も狙っている。試作機は塗装についても段差をパテで埋め、翼の表面を磨き上げて細心の注意を払っている。

英国の2000馬力級のタイフーン戦闘機は、水冷エンジンながら圧縮性の影響に無頓着な空力設計のため、さまざまな問題が発生したことで有名である。高空から急降下して0・75マッハに到達すると中位の振動であったのが突然、激しいバフェットになり、トリムが変化して、荒々しい機首上げ、または下げのピッチング運動が生じる。操縦桿は固着してしまい、すべてのコントロールが失われる。しかしながら高度20000ft以下になると、機体は、何事もなかったようにコントロールが回復する。低空では高空と同一速度でも、マッハ数が下がるためにこの状態を再現することができず、エニグマ（謎）として気味悪がられた。この原因は圧縮性の影響を無視したような20％の厚翼を無神経に採用したことにあった。タイフーンのこの問題は、層流翼型の薄翼に再設計したテンペストの開発により解決している。

十四試局戦は注意深い空力設計の採用により、圧縮性の影響による問題は生じなかった。しかし、空力的洗練を優先したため、視界不良が絶えず問題視され、エンジン搭載に延長軸を採用したこともあって、機体の振動が非常に大きく、その解決に長期間を要してしまったことは、大きな誤算となった。

急降下制限速度は、本機の設計に強い影響を与えた要求値であった。海軍もこの数値の影響が大きいことに配慮して、当面は400ktとして計算のことと緩和されているが、十四試局戦開発にあたってはこれに対応するために大きな努力が傾注されたことは間違いない。

十四試局戦の視界問題

十四試局戦は、空力特性の洗練を最優先した設計としたため、紡錘形の胴体に突出を極力少なくした低い風防という組み合わせになった。このため戦闘機として重要なパイロットの視界を確保することが重要視されず、木型審査でも見逃されることになってしまった。

審査会では空力特性向上に関する議論に関係者の関心が集まってしまったため、パイロットを代表する小福田租大尉が視界に関する問題で異議を指摘したが、陸上用の高速戦闘機の視界であるので、視界が多少悪くても仕方がないという雰囲気になり、この問題は棚上げされることとなった。

完成した試作機に採用されたのは、空力を優先した曲面ガラスを適用したものであった。この風防には光学的な歪が残り、視界不良だけではなく、湾曲した画像が問題となった。これを解決するために試作機の初飛行の直後に天蓋等の研究会が開催されている。視界が不良で歪のある曲面風防のままでは、搭乗員の好感を得ることは困難であった。

一、Ｊ２Ｍ１（筆者注：十四試局戦の略符号）天蓋等研究会　17－6－15
　プレキシグラスの厚さ不同
　　一般±０・７なるも
　　Ｊ２Ｍ１（５・０㎜のもの）
　　側面ガラス±０・３のもの使用
　風防側面図の注記
　（図の注釈）
　風防前面　現在のもの更によくなる見込みあり
　風防側面　①現在精度以上見込みなし
　　　　　　②半強化ガラスにてやる方法に期待す

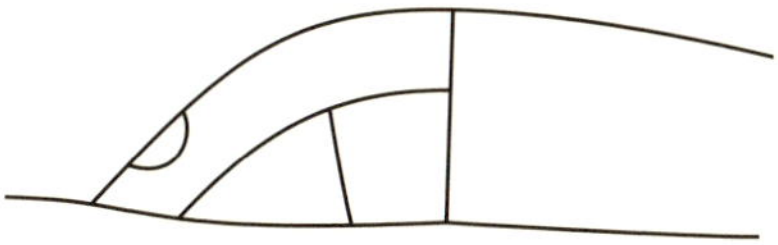

J2M1　風防側面

――　③前方側面を平面ガラスにすること設計にて研究のこと希望

種々の技術的な問題を解決しながら量産が進められていた雷電は、試作の段階で風防を大型化して視界改善を実行している。しかし量産が開始され、本格的に部隊配備が始まって、経験の浅い搭乗員が増加すると本機の視界不良が再び大きな問題となった。

二、試製雷電改視界改善対策研究会　19―3―5

出席者　海軍‥　鈴木、今中、高山部員

三菱‥　服部、松原、河重、高橋、平山、曽根、日下部、佐々木

(1)　実施部隊要望事項説明

横空、三〇一空の所見　19―3―3　研究会あり

中錬にて飛行時間40時間の者が乗る。訓練はA6より3ヵ月余分にかかる着陸視界不良のため実戦に不利である

(2)　改造方針

①　胴体線図

㋑線図2・5―5間の幅を極力縮小す

（ロケット排気管の位置に段を付す）

㋺気化器吸入筒は線図外に突出せしむ
㋩線図5前方の断面形上半部を修正す
㊁風防後方胴体上半部は基礎形の儘とし肉盛りを廃す
② 風防は試製烈風形式とす
③ 起倒式遮風板を使用す（50㎜）

この昭和19年3月3日の横空、三〇一空の部隊からの要望は、本機の視界に関する深刻な状況を示唆している。新たな搭乗員は中間練習機をわずか40時間飛行した者が乗り、訓練は零戦より3ヵ月も余分に必要となる。何とかさらに視界を改善できないかという要望であった。

これに対応して風防前方の胴体を修正し、風防を高くする改修が実行された。最初の木型審査で見逃した視界問題は最後まで蒸し返される課題となっていたのである。若年搭乗員にとって着陸時に着速が早く前下方視界のよくない機体は、乗りこなすには手ごわい相手であった。

雷電の三一型、三三型では前述の通りに対処したことで視界問題は解決しているが、今度は雷電に慣れた搭乗員から、空気抵抗が増大し、速度性能が低下したことがかえって問題にされることになった。視界に関しては雷電の不運が続いたのである。

紫電の開発では中翼で太胴のため、やはり前下方視界が問題とされたが、会社側の決断により、胴体を低翼に改設計する荒業を短期間のうちに断行して、紫電改として評価が高まったことは、雷電の場合の対応と対比される。

雷電と紫電改の比較

雷電 対 紫電改

昭和19年4月1日

項目	14試局戦 J2M3	一号局戦 N1K2-J(J改)
最大速度Vmax 上昇性能	330/6000 5分50秒/6000	335/6000 6分+α/6000
対戦闘機	1)A6に対し勝目なし P-38、P-39に対して稍有利なる格闘戦を実施し得べきも、F6Fに対し相当の苦戦を覚悟せざるべからず 2)J改に対してもA6と概略同様の結果となるものと思わる	速力及び上昇力を利用することにより、A6に対し五分五分、又は稍劣る程度と認む
対大型機	1)A6に対し有利とする点 兵装強力なること、速力稍大なること上昇力、防御力大、加速良好、制限速大 2)不利 航続力小、視界不良 整備に手数を要す	A6に比し兵装及び防御及び防弾共遥かに強力なること ただし、整備に関しては稍手数を要す
	A6と組んで初めて威力を発揮す 単独にては敵機の掩護ある場合不安大なり	1)操縦容易(着速小、視界良好にて着陸可能と認む)

	Ａ６とＪ２を５の力として考ふる場合Ｊ２のみにては３の力となり、Ｊ２＋Ａ６にて10以上の力となり得る程度と認む 尚之にＪ２に対する整備能力を考慮せば、Ａ６、４　Ｊ２、６の割合にて整備するを適当と認む	2)防御をＡ７程度に低下せばＡ７と同一の航続力となすことを得 3)Ａ７は成功するとも本機以上のものにはなり得ざるものと推定す
結論	横空希望事項 (1)　成るべく早期にＪ改に統一するを要す (2)　Ｊ改が完全にｓｅｔするかＪ２が好評となる迄はＡ６の生産を現在程度保存するを可とすべし （筆者注：文意が明瞭ではないが紫電改を配備するか雷電を改善するまでは零戦の生産を続行すべしと理解される）	

曽根資料の中に「雷電と紫電改」の特性を比較した興味深い表が記載されている。この比較表は横須賀航空隊がまとめたものであるが、当時の海軍の運用者側から見た「雷電と紫電改」を的確に評価していると言える。海軍は昭和19年3月に雷電の生産縮小、零戦の増産および烈風の打ち切りをした上で烈風改のみは続行し、紫電改の大量生産に踏み切る決心をするが、その背景にはこのような評価があった。

横空がまとめたこの比較表は「雷電と紫電改」に対する搭乗員達の評価をよく示しているよ

川西局地戦闘機「紫電」三二型“試製紫電改三” 昭和20年1月 於：川西・鳴尾工場 ©野原茂

うに思われる。この比較では、最高速度では雷電が330ktに対して紫電改は335ktでその差は少なく、一方で上昇力では雷電がずっと優れていることが分かる。

しかし、対戦闘機戦闘の評価では雷電が零戦に対し勝ち目なし、F6Fに対しては相当の苦戦とあるが、紫電改は零戦と互角またはやや劣る程度であり大きく差がついている。紫電改の自動空戦フラップが、この当時には高い評価を得ていることが分かる。

対大型機戦闘では雷電の威力が高いことが評価されているものの、護衛戦闘機が随伴すると不利となると予測されており、視界も不良と判定されている。雷電と零戦が組んだ運用が有効との評価が注目されるが、その根拠は明確ではない。

紫電改については運動性について評価が高いばかりではなく、防御力も優秀であると評価されている。この防御力はA7（烈風）よりも強力であろうと推定されている。

結論として、運用者としては早期に紫電改に統一すべきとの部隊要望の意見具申になっている。紫電改の大量生産は、このような運用者の評価に基づいた形で海軍が決断したと思われる。

十四試局戦（雷電）は高い急降下速度を要求された海軍最初の陸上邀撃戦闘機であった。この要求に対応して、前面面積の大きな空冷エンジンを装備しながら、機体形状の空力的な洗練に最大限の努力を傾注している。このため、戦闘機として重要な視界が不良であるとの問題が実戦配備に入ってから再燃したのは痛恨の事態であった。しかし、邀撃機としての速度性能、上昇力は傑出しており、ベテランの搭乗員により優れた戦果を挙げている。中には本機の優れた上昇・降下特性を活用して強敵P－51を撃墜する場面もあった。

第12章　十七試艦上戦闘機「烈風」

昭和15年9月にデビューした零戦は、長大な航続力により太平洋のあらゆる戦場に進出して、その威力を大いに発揮していた。戦局の急速な進展とともにさまざまな戦訓が得られ、それを反映した後継機の開発が要求されることになった。昭和17年から、後継機となる十七試艦上戦闘機「烈風」の開発が開始された。

しかし、大いに期待された十七試艦戦は、零戦の再来としてデビューすることなく、その終焉を迎えることになる。担当搭乗員からは絶賛され、惜しまれつつの幕切れであった。本機の開発は、エンジンの選択と機体の運動性を左右する翼面荷重の問題などにより、開発が今までになく遅延している。さらに飛行試験に入ると、搭載エンジンの馬力不足に起因する速度、上昇性能の不足により関係者を失望させた。その後、希望するエンジンに換装した機体による飛行試験では要求された本来の性能を発揮し、今度は大いに期待を集めたのだが、時すでに遅く、B-29の爆撃による名古屋地区の生産工場の壊滅、そして終戦により、虚しいものとなってしまった。

第12章では、幻となってしまった十七試艦戦「烈風」について、断片的ではあるが曽根資料をたどってみたいと思う。

十七試艦上戦闘機「烈風」

昭和17年7月6日　十七試艦戦　計画要求書　交付計画要求書の概要
　最高速　345kt／6000m
急降下制限速度　450kt以上
　上昇力　6分以内　／6000m
航続力　最高速（6000m）30分＋250kt（4000m）2・5時間以上
滑走距離　80m以内（合成風力12m／s）
過荷降着速度　67kt以下
空戦性能　格闘戦に重点を置きA6M3より劣らざること
優先度　　空戦／航続力／着艦／速力／上昇／離艦

十七試艦戦の計画要求書は上記の性能を要求している。この交付を受け、1ヵ月半後の8月28日に、「十七試艦戦官民合同研究会」が開催された。十二試艦戦の場合と同様、この会議の

質疑応答において計画要求書の内容では明確にできない事項が、追加として加えられた。また、十二試艦戦の官民合同研究会で論点になった、主要性能の優先度も最初から指示されていたことが分かる。

一、十七試艦戦官民合同研究会（17・8・28）
日　時　昭和十七年八月二十八日13：00〜18：00
場　所　空技廠
出席者　堀越、曽根、酒光
周防部員
　A6M3は5〜6旋転にてA6M2に格闘戦にて負ける程度
翼面荷重　130kg／㎡（空戦フラップ使用）
速力　330ktのもの
花本部員
　要すれば上記のもの追加修文とす
周防部員
　速力／翼面荷重＝2・5〜2・6位のものが良い
戦闘機の進歩　　翼面荷重増加　速力増加

九〇戦→九五戦	10kg／㎡	20kt
九五戦→九六戦	18	50
九六戦→零戦	11	50
零戦→A7	40	50

空戦フラップに期待するが若し之があまり効果なき場合には、速力330kt、翼面荷重130kg／㎡が適当ならん

鈴木少佐（航本）

ル号（筆者注：NK9「誉」）発動機を装備のものは、現にY-20（筆者注：銀河）陸爆等にて空中に移行してからtroubleが出ている。地上審査にて通っても不安あり。

完成期を速める意味にてル号を希望す。

永盛部員

改造要求が多々あるから両方とも信頼性の見通しは、現在同じ位なり。両方とも（筆者注：「誉」と「ハ43」）積みたい。

永盛・小林部員

現在飛行中のル号を改造するのが確かに早い。

決定事項

ル号を装備することとし、極力完成を促進すること。此の場合、性能に関して改めて研究すること。
――

曽根資料による十七試艦戦の報告は、すでに開戦後となったためか報告・指示に関する内容が要点のみの断片的なものになっている。仕事も多忙となり、読み解くのに難しさが伴うが、官民合同研究会の主旨は分かる。

空技廠側の担当者で搭乗員代表の周防元成大尉は、十七試艦戦の空戦性能がA6M3（零戦三二型）より劣らざることの意味をA6M2（零戦二一型）との比較で示している。前後の発言が欠落しているため分かりにくい個所である。

続いて周防大尉は、翼面荷重は130kg／㎡（空戦フラップ使用）とし、速力は345ktから330ktに下げてよいと補足している。花本清登部員は要求値がこれでよければ計画要求書の要求事項を書き換えると発言している。搭乗員代表が航空本部と三菱との調整の末に決定した要求値の変更を提言するのは異例のことである。

この翼面荷重130kg／㎡は、速力／翼面積の値が、2・5〜2・6位がよいとし、歴代の艦戦の値を示してあるが妥当な根拠であるのかは疑問である。

また空戦フラップの採用により高い翼面荷重で運動性を改善することが可能であるが、この時点では川西の水上戦闘機「強風」に採用され、まだ飛行試験を開始したばかりである。本格的な局戦「紫電」はまだ設計中のため、その効果について搭乗員は懐疑的であったかと思われる。150kg／㎡で空戦フラップ付とし、130kg／㎡には空戦フラップなしとすると筋が通るように思われる。

空戦フラップの有効性は、紫電改が飛行試験に供されてから周知されたと見るべきだろう。

この官民合同研究会で搭載するエンジンが「ル」号（中島「誉」）に決定されていることも注目される。三菱は「ハ43」装備を希望していたことから、反論があったものと思われるが、この記録には記載されていない。昭和17年9月の「誉」採用は、この会議の結論によるものと思われる。次期主力艦戦のエンジン選定がこの議論で決定されたことも驚きである。

航空機開発でのエンジン選定は極めて重要な事項である。「誉」は、零戦にも搭載している14気筒の「栄」と同じボア・ストロークの18気筒化したエンジンで、排気量増大は約30％増しだが、出力を2倍の2000馬力級を目標としたものである。「栄」とほぼ同じ前面面積で大出力を実現しているのが大きな特徴で、各気筒には薄いアルミの植え込みフィンで冷却するなど苦心の設計である。開戦により燃料事情も徐々に悪化する中で、期待される高性能を発揮できるか問題がありそうに思えたが、空技廠は組織を挙げて「誉」を全面的に支援している。

三菱の「ハ43」（A－20）は、昭和16年4月頃から三菱名古屋発動機製作所長からの指示で開発が開始されている。このエンジンは、14気筒の「金星」を18気筒版として開発されたものであり、排気量は「誉」の35・8ℓから41・6ℓとなり約20％排気量が増大しており、余裕がある。この会議の時点では試作中で海軍の審査合格は昭和18年6月であった。「ハ43」は試作途上であるので、機体搭載の選択肢は、十二試艦戦、十四試局戦の選定方式を踏襲するならば「誉」

だけとなるはずである。

繰り返しになるが、エンジン選定は航空機開発の成否を決める重大事項である。これについては海外にも多くの興味深い事例がある。第二次大戦の英国では、爆撃機マンチェスターにロールスロイス・バルチャーを搭載することで開発が進められていた。バルチャーエンジンはペリグリンV12をクランクシャフト共用で2基組み合わせ、X型24気筒に仕立てたもので、双発の型式に機体をまとめることができる。しかしこの結合エンジンは故障の塊であった。オーバーヒート、クランクシャフトおよびコンロッドの損傷が続くことになる。ついにはこのエンジンを断念してロールスロイス・マーリン4発に換装した機体の製作へと方針転換することになる。

これが後のランカスターである。マーリンはロールスの傑作エンジンで、スピットファイア戦闘機、モスキート戦闘爆撃機に搭載されている。米陸軍のP-51もアリソンからマーリンに換装して高性能ぶりを発揮している。

ランカスターはこのエンジンのおかげで高い信頼性を得て、1942年3月に初出撃してから約60万トンの爆弾をドイツに投下して主要目標を壊滅させ、連合軍の勝利に大きく貢献している。当初、マーリンエンジンを十分に供給できるかどうかが懸念されたために別途、空冷のブリストル・ハーキュリーズVIを搭載した型式や、さらに米国パッカード製のマーリンも用意して対応している。

英国は現実をよく観察して、採り得る代替策を着実に実行している。生産が間に合わず、供給不足となることが予想されたマーリンに対して空冷エンジンと米国製エンジンを予備として用意したことは最善の処置であった。幸いにマーリンの生産量の増大に努力した結果、空冷型はごく少数の生産で済んだのである。

一方ドイツでは、マンチェスターと同様の2基のエンジンを結合したハインケルＨｅ１７７爆撃機を開発したが、やはりエンジンの技術的問題が発生したことにより、本機はまともな戦力とはならず連合国を爆撃して屈服させることができなかった。不具合が発生した場合の対応の違いにより大きな差が出た事例である。

十七試艦戦の搭載エンジンの選択は、海軍の審査を合格したエンジンから選定するなら「誉」しかなかったが、機体を設計する三菱が強く推し、本機が海軍が最重要視すべき主力艦上戦闘機の開発であることを考慮すれば、「ハ43」搭載型も並行して進捗させることが必要であったといえる。

技術的な問題がありうる場合には、開発には「代替策」を用意しておくことの重要性が、米英でよく認識されているところである。

米国現用のマクダネル・ダグラス（現ボーイング）Ｆ-15およびゼネラル・ダイナミクス（現ロッキード・マーチン）Ｆ-16戦闘機は搭載エンジンが当初、Ｐ＆ＷのＦ１００エンジンであったが、アフターバーナー点火時に圧縮機が失速する技術的な不具合が明らかになり、これを期にしてＧＥのＦ１１０エンジンも両機に搭載できるように改修したＡＦＥ（Alternative Fighter Engine）政策が取られ、エンジンの不具合発生を機会に主力戦闘機が飛行停止になり、防空任務に穴があくことがないように配慮されている。この時の経験によりP&W社とGE社はよきライバルとして、ともに育成させる政策が取られている。

十七試艦戦の搭載エンジンは、海軍が支援する「誉」を選定して三菱側が推す「ハ43」を棄却している。「ハ43」が信頼性の高さで定評のある「金星」の18気筒版エンジンであり、選定時点で審査に合格していなくとも永盛部員の希望どおり、このエンジンも搭載可能として開発事業を進めることができなかったことが、今の時点から見ると不適切であったといえる。

この官民共同研究会に続き、10月12日に再び共同研究会が開催された。ここでは十七試艦戦の翼面荷重が130kg/㎡の機体を150kg/㎡より先行させることが決定されている。

二、十七試艦戦官民共同研究会（17・10・12）

日　時　昭和十七年十月十二日　8：15〜14：30

出席者　堀越課長、曽根、田中廠長、実験部長、飛行機部長、寺井部員、永盛部員

1、十七試艦戦に対する会社側希望

（記載なし）

2、上記に対する検討

（イ）　ロケット効果が最高速に及ぼす影響

１５０kg／㎡　発動機に10kt　増加す
１３０kg／㎡　〃　９kt　増加す
（ロ）　A20（MK９）とル号とは５％燃費が異なるA20多し
（ハ）　最近の高々度の速力が予期通りに出ないのはプロペラ効率　疑問あり
３、試作方針に関する事項
空戦フラップ動力源及び効果、完成に疑問あるため翼面荷重１３０kg／㎡のものを最初に着手す。

周防部員
現在の設計に間に合うフラップ効果は疑わし、空戦フラップ　J２、川西水戦にて最近の実験を見れば、その効果疑わし

軍令部（井上参謀中佐）
今後２か年にて敵の艦戦は３５０ktとなる目標なり

花本隊長
１３０kg／㎡にて３２５〜３３０ktならば艦戦として確実なる要求のものならん

小林中佐
花本少佐と同意見　150kg／㎡のものを最初にすると云う前回決議は、130と150が殆ど同時期にできるものとして云ったものなり。同時期が不可能なれば、130を先にするが至当なるべし只今、A6は優越せる戦闘をしている状況なり。陸上機とした場合少し懸念あるも今後2〜3年は130にて殆ど心配なし

寺井部員
軍令部要求　150kg／㎡のもの
航本　130kg／㎡のもの
として計画要求書を出さすこととす

実験部長　決議
差当り、130のものの計画に着手し、150のものの完成に関しては極力之を促進することとす

決議事項
(1)　差当り、翼面荷重130kg／㎡（第一案）のものにて着手し、本機試作に当たりては翼面荷重150kg／㎡の実現は極力促進すること（五ヶ月以内に実現を要す）
(2)　150kg／㎡のものに対する要求性能は変更せず、ロケット効果並びにプロペラ

ピッチ、フラップ等に就き、研究の上、極力原要求性能を満足する如く努力すること

機体の重量と主翼面積には密接な関係がある。機体重量が大きくなると翼面荷重を一定に保つことが困難になる。今、長さが2倍の同じ形の機体を考えると翼面積は2乗の4倍になるのに対し、重量は3乗の8倍になるためである。規模の拡大に伴い急速に機体重量が増えるため、通常の機体設計では翼面荷重を増大させ、機体重量の増加を極力下げる方針を採る。しかし、それに伴って離着陸距離が長くなるため、より高い最大揚力係数になる複雑なＨＬＤ（高揚力装置）が適用される。ボーイングの７０７から７４７までの機体をみると一目瞭然である。

十七試艦戦は十二試艦戦の能力に強力な武装、耐弾性能などを付け加えて、機体を大型化させなければ成立しないが翼面荷重を抑えることは困難であるため、１５０kg／㎡として航空本部と合意してきたところであったが、この会議で１３０kg／㎡案先行と決定されている。１５０kg／㎡案に空戦フラップ搭載で合意すべきところ、まだ空戦フラップ搭載の「紫電」が初飛行前で、その効果が搭乗員側に認識されていなかったためである。堀越チームは大いに困惑したに違いない。

１３０kg／㎡案と１５０kg／㎡案で機体規模がどう変化するか比較した図がメモとして残されている。１３０kg／㎡の案は翼幅が14・８ｍとなっている。この２種類の翼は相似形で書かれており、１５０kg／㎡の翼を延長して１３０kg／㎡のものに適用するなど、現実性を考慮し

たものではない。

翼面荷重が低いと機体構造がつらくなるため、130kg／㎡案では急降下制限速度が450ktから425ktに緩和されている。2種類の翼面積の機体を要求されているのだから、

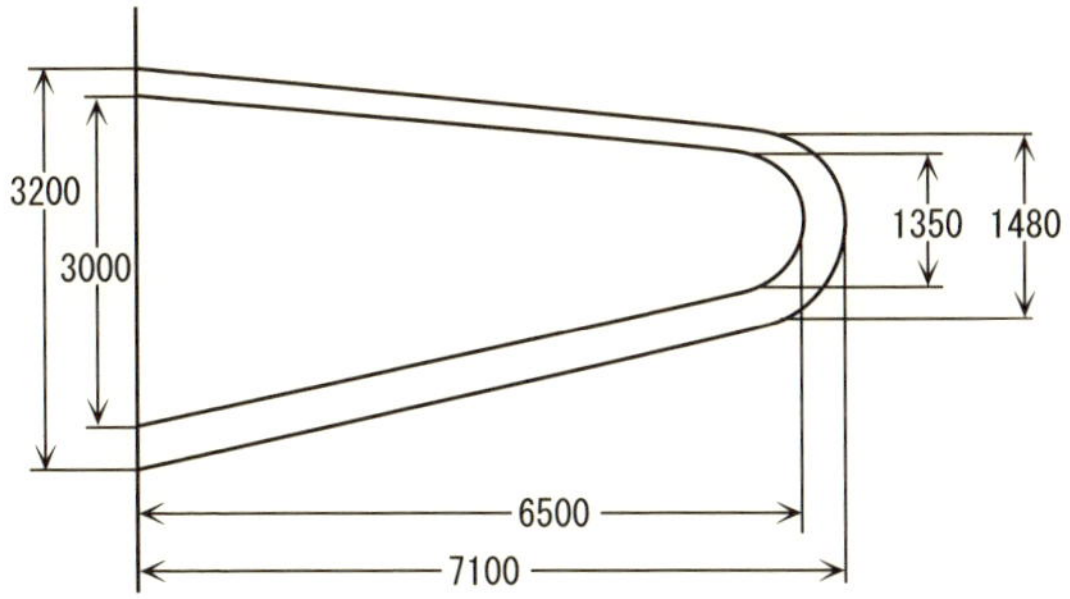

「烈風」130kg／㎡と150kg／㎡の主翼　曽根資料スケッチより作製

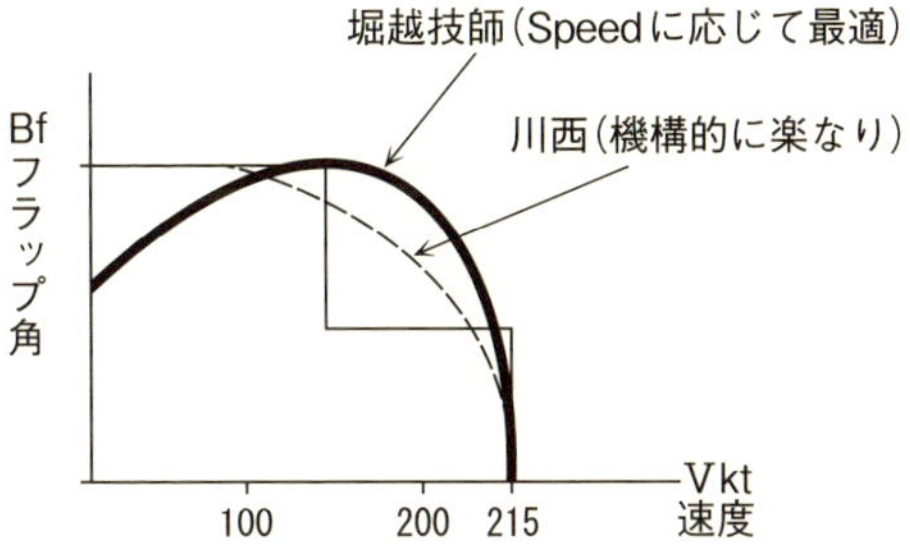

速度に追従し有効に作動する空戦フラップ　曽根資料スケッチより作製

零戦二一型から零戦三二型へ展開したように、翼幅を標準型と延長型を準備することで対応できたのではないだろうか。

空戦フラップの採用についても、本機には独自のものを考案している。これは川西の水銀柱の変化を計測するものではなく錘を利用した、より適正なフラップ角操舵が期待できるものであった。

十七試艦戦（A7M1）の開発はこのような曲折があり、試作はかつてなく遅延して、初飛行は昭和19年5月6日であった。飛行試験では操縦性は優れるものの、最高速、上昇力の性能は予想を大きく下回った。特に上昇力の低下が大きく、これはエンジンの出力が不足していることを暗示していた。このエンジンをベンチテストすると1300馬力程度の出力であることが明らかとなり、三菱のリスクで「ハ43」エンジンに換装することが認められた。

その結果、この「ハ43」搭載型（A7M2）は、性能の向上が目覚ましく、ほぼ要求値を満足することが確認できた。これにより、当初の方針とは一転して、烈風一一型として制式採用が決定されたが、時すでに遅く、B-29の爆撃によりエンジン、機体工場がともに壊滅してしまい、作戦機として使われることはなかった。

A7M1の性能不振により「烈風」の開発中止と紫電改の生産がすでに発令されており、事態は混乱を極めていた。

十七試艦戦は堀越チームとしては、今までになく難行した開発であった。本機の開発を始めた時期は零戦の現地要望の対処、十四試局戦の開発を抱えており、仕事が輻輳していた。この開発は次期主力艦戦の開発であるため最優先で戦力化することが重要であったはずである。これを全面的に支援する体制がなぜ取れなかったものか不思議でならない。

川西の「紫電」は昭和16年12月末、将来を局戦開発に絞り、空技廠に持ち込んだ会社の開発企画であった。当時、十四試局戦の飛行試験が思うように進捗していなかったこともあり、海軍側に承認されて開発が開始された。水戦「強風」を陸上機としてエンジンを「誉」とするので短期間に開発できるのが謳い文句であった。事実、川西は全力を挙げて開発を実行し、昭和17年12月31日に初飛行する。飛行試験に入ると陸上機の経験が少ないことによる機体の不具合と「誉」に起因する問題が多発した。

この状況を踏まえ、川西は昭和18年2月、海軍の承認のもとにすぐに改良型の開発に踏み切ることになる。これが「紫電改」である。この開発も素早く実行され、同年12月31日に完成し、昭和19年元旦に初飛行を行っている。その結果、海軍から「充分満足すべき戦闘機」と認定されたのである。

「烈風」と「紫電改」では、開発の進捗が実に対照的であったことが分かる。堀越チームは多くの制約により、長期間を要したが、このほとんどは海軍の不適切な方針・指示によるものといえるだろう。非常時における技術開発は何より迅速な対応がまず必要で、代替策を用意しておくことも極めて重要なのである。

わが国の最重要艦上戦闘機の開発は最優先で実行されるべきものであった。しかし、エンジン選定、翼面荷重の設定という本質的な要求事項について官民共同研究会で決議されたのは、堀越技師の意向に反するものであった。これにより開発が遅延して飛行試験に移行すると懸念された搭載エンジンの出力不足により予想性能が大幅に下回るという不幸な事態に遭遇する。しかし、エンジンを換装しただけで見違える高性能を発揮し、一転して期待を担うことになるが、時すでに遅く終戦を迎えることとなる。

第13章　堀越チームのエピソード（その1）

曽根資料には九六艦戦から烈風に至るまでのさまざまな記録が残されている。それぞれの事項について詳細に考察することで、多くの新たな事実が明らかになるように思われる。

第13章と第14章では、断片的ではあるが数々のエピソードから興味深い事実を掘り起こしてみたい。

キ－三三外翼フラップの廃止

昭和11年3月10日

キ二工（筆者注：機体第2工場）須藤技師　殿

機設　曽根

表題　キ－三三　変更個所の件

① 重量軽減のため、外翼フラップを廃止す
② フラップ角度を±1°だけ増す（約53°まで下がる予定：現在の隙間片を取除きて）
③ 昇降修正舵：廃止す（従って、修正舵操作装置一式は廃止さる）

以上の如く決定しましたから、本図上記に対する図面廃却手続きを致しました、ご承知置き下さい

この指示は、機体設計課の曽根技師から機体第二工場の須藤技師へ宛てたものである。その内容は、陸軍の新戦闘機の競争試作に提出するキ—三三の外翼フラップを廃止し、重量軽減を図るというものである。この内容は不可解なものだ。海軍の九試単戦が飛躍的な高性能機であることを知った陸軍では、海軍の承認のもとにこれをキ—一八として試験・評価することになった。飛行試験に際しては舵面の面積や上反角の変更など細かく要求があり、いろいろと注文を付けた上で明野陸軍飛行学校の支持があるにも関わらず本機を不採用として、改めて川崎、中島および三菱の競争試作とされたのである。

この決定は三菱としては面白いわけがなかった。しかしこれは陸軍としての航空政策に基づいており、三菱には新機種の司令部偵察機を一社指名の形で試作を命ずることで対応し、この政策については三菱側も応諾している。三菱機のキ—三三はほとんど九六艦戦のままで提出することを本社側から指示されたようである。

キ-三三外翼フラップ『写真記録　航空事故』より

当然ながら、名航の堀越チームは、出来レースの当て馬にされるのが不満であった。せめて少しでもキ-三三の性能を改善できないかと考え、陸上戦闘機だから、外側のフラップを廃止して舵面と駆動機構を除き重量軽減化するという内容の指示が出されたのである。

事実、後に九七式戦闘機となった中島のキ-二七は、主翼の結合金具を無くし、操縦席後方の胴体を着脱する革新的な方法を採用してキ-三三より約１００kgの軽量化に成功しており、約１０００kg級の機体としては大きな重量差となった。運動性の評価では、キ-二七が一番となった。

この指示書により、現場では九

六艦戦のまま提出するのではなく、少しでも軽量化に努力したことが明らかになったわけである。「堀越チームの矜持」であったかと思われる。

ところが意外なところで外翼フラップ廃止の顛末が明らかになる。キ－三三は立川で飛行審査の飛行試験中に着陸事故を起こしてしまったのだ。滑走路で逆立ちした本機の写真が「写真記録　航空事故」に残されている。確認してみると、この写真ではフラップが降ろされている。外翼フラップも降りているのだ。

このことから、外翼フラップ廃止という指示は実行されなかったことになる。どこかでこの指示がキャンセルされていたのである。いずれにせよ、エンジニアとしての筋を通し、提出するのであれば、少しでも性能の改善をするという堀越チームの意図を発見できたことは、筆者にとって望外の喜びであった。

九六艦戦の増槽

所長　御中

機体設計課　曽根嘉年

出張報告

一、目　的　　九六艦戦二号二型用落下増槽に関する会議に列席のため

二、行　動　　昭和十三年一月五日　午前九時空技廠飛行機部に出頭　会議に列席

三、報　告

九六艦戦二号二型用落下増槽に関する会議

時　一月五日　九：○○より一二：○○まで

所　空技廠　飛行機部　会議室

人　廠長

飛行機部　本多中佐　鈴木造兵大尉　森検査課長　佐藤部員　高柳部員

実験部　守弘整備長　近藤中佐　吉富部員　吉武部員

其の他　某大佐

航本　和田部員

三菱　国井技師　曽根技師

廠長の簡単なる挨拶の後、本多中佐より九六艦戦二号二型を一刻も速やかに現地にて活躍させるためには、本会議議事は誠に緊急要解決事項にして、二号二型機は落下増槽装着をなさざれば軍の作戦に沿う行動をなす能わざる旨のお話しありたり。

最初、佐藤部員より増槽落下実験の経過及び成績につき説明ありたり。

最初の落下試験にては増槽落下せざりしため、廻止めキイの上部角を丸めて地上にて後方に引張荷重約20kgを負荷し、楽に落ちる程度となりたるも空中にて落下試験されし所、落下困難なりし事なり。

増槽落下時の機速は約130kt付近にて機の姿勢を色々に変え、やっとゆすぶり落下せしめ得たる状況なりし由、説明ありたり。

落下困難の原因としては風圧により増槽が後方に押され取付部にて導管内支持管がこじられて摩擦大となり又同導管及び支持管との間のガタのため燃料取出口の接手部を変曲せんとする如く増槽が後方に押されるため、接手部挿入管が摩擦大となり抜出すこと困難となり居るものならんとのご意見なりき。

之に対する対策を協議の結果以下の如く決定を見たり。

① タンク後方に爆弾型鰭を付し、空気圧力によるタンクのこじられを無くする如くし、燃料取出口接手部管をゴム管とし、こじられぬ様にす。(実験　一月六日)

② 現在の吊装置を利用しタンクの振れは爆弾抑え様のものを付して止める方法とす。(実験　一週間以内)

③ タンクには爆弾抑へ様のものにて振止めを付し吊装置は九四艦爆式のものとす。(実験　十日以内)

以上の三つの実験により成果を見て、将来及び応急的対策を決定す。

三菱に於いては此の間、空技廠との連絡を密接にして、応急的及び将来対策を成るべく速やかに現場作業に実施し、更に会社自発的の研究進めて本問題の解決を促進する様心掛けること。

―――――

○　増槽落下装置は図面にて要領を聞きたるも本件は航本より正式に指示ある筈とのことなり。要領は下図の如く増槽を支持梁に取付け爆弾投下器にて吊上げ装着し爆弾と同様に投下索を引きて投下する様式なり。

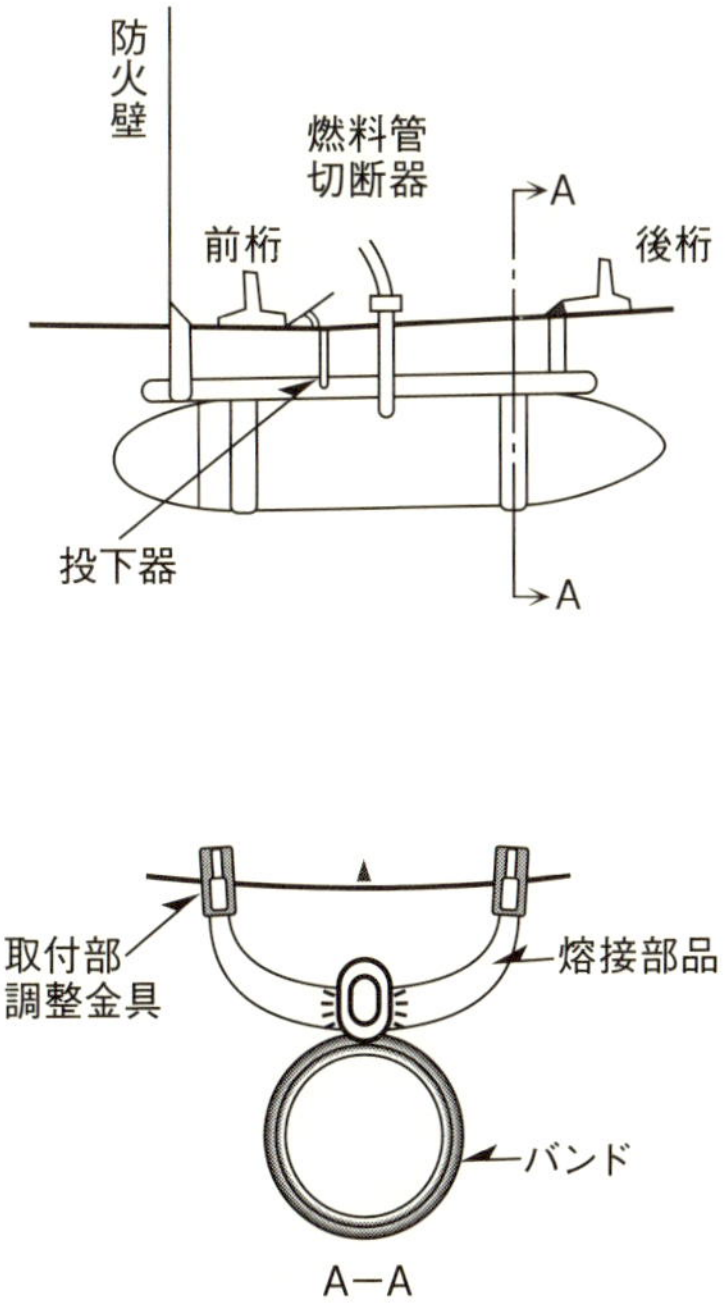

九六艦戦「増槽」搭載機構　曽根資料スケッチより作製

九六艦戦は、実戦に投入されると目覚ましい活躍をみせたが、唯一、航続距離の短さが作戦上の問題点として認識されるようになった。この対策の一つとして、増槽を搭載することが試みられた。当初装着した増槽は厚い矩形の厚翼形状のもので、安全に投棄するのが困難なものであった。

航続力の延伸がそのまま制空空域の拡大になるため、燃料が空となったら確実に投棄できる増槽の装備機構が喫緊の課題となり、九六式二号二型艦戦に適用することが要求された。

増槽搭載機構を試作して投下試験を実施してみると、飛行中の動圧により増槽が後方に押し付けられて投下機構が歪み、投棄が不可能となる不具合が発生していた。

このため、まずは、確実に投棄できることを優先して、九四式艦爆の爆弾投下機構を踏襲することにした。この機構は爆弾を取付けて、横振れを防止するためのアームが付いているため飛行中の空気抵抗は大きくなるが、確実に投棄する目的のためには適切なものであった。こうして、増槽を搭載した戦闘機の作戦が確立されるようになったのである。次の十二試艦戦では、この時の経験を活かし、増槽は空気抵抗を低減させたスマートなものになり長大な航続力を実現することができたのである。

十二試艦戦の形状（スピンナーキャップのこと）

零戦の図面をみて常々不思議に思うことがある。それは、十二試艦戦試作1号機の図面である。この機体は、ハミルトン・スタンダード製恒速プロペラが装着されており、このプロペラは、2枚ペラである。試作1号機は図面では、このプロペラがむき出しのままになっているものが見受けられる。空力的洗練に細心の注意を払う堀越技師であれば、プロペラにスピンナーキャップを付けていたのではないかと思っていた。

出張報告

⑵　昭和十四年四月二十日　航本技術部に於いて巌谷部員より

○　A6M1に性能向上のため「プロペラスピナー」を付する様、計画しては如何？
　空技廠増本部員に面会、九六陸攻用として計画製作されたる実物を見せて戴き、参考用に「スピナー」図面一揃えを貰受けたり

航空本部の巖谷英一部員と面談した曽根技師は、ここで意外な提言を受ける。十二試艦戦の性能向上のためスピンナーキャップを付けて空気抵抗の減少を図ったらよいのではないか——という内容である。

九六陸攻の性能向上のためのエンジン換装に伴いスピンナーキャップを取付け、その効果が確認されていたので、それにならって十二試艦戦にも装着するとよいとの指導である。このことにより、試作機にはスピンナーキャップが付いていなかったことが判明する。

ハミルトンの恒速プロペラは当時の新技術で、エンジン出力が大きく変化する戦闘機への適用にはピッチ角の追従性に、まだ問題が残されている状況であった。そのため、スピンナーキャップなしで飛行試験を実施していたのである。

「飛行試験では、まだピトー管の位置誤差試験（P．E．試験）が済んでいないため、計測値では最高速270ktを達成していない状態であった。巖谷部員は、九試単戦が素晴らしい高性

能ぶりを発揮したことを絶賛していたこともあり、わざわざ九六陸攻のスピンナーキャップの図面を曽根技師に手渡すなどの好意的な対応を示している。九六陸攻も三菱の機体であるわけで、それゆえに、わざわざ海軍から図面を受領したことは、かえって面白い話であると思う。

十二試艦戦実験報告

厳しい性能要求の下で開発された十二試艦戦の飛行試験の結果がどうであったか気になる。それは昭和16年3月18日付けの空技廠の報告としてまとめられている。

昭和16年3月18日

研究実験報告　空技報　0187

十二試艦上戦闘機実験報告

最高速　270・5kt（4000m）

275・0kt（4200〜4400m）

上昇力　3000m　3分31秒（計器速　130kt）

5000m　5分56秒

離陸距離　合成風速　12m／sにて78m

着　速　60kt

降下率　４ｍ／ｓ（指示速度７０kt）
航続力　正規（４４７ℓ）４４３０ｍにて
　　２７１kt×１・２８hr＝３４７海里
　過荷重（５２５ℓ）４４３０ｍにて
　　２７１kt×１・５２hr＝４１２海里
　　４１００ｍ　１８００r・p・ｍ
　　１８０kt×７・０５hr＝１２６８海里
　　１８０kt×９・６６hr＝１７４０海里
　　（増槽付８５５ℓ）
上昇限度
　絶対高度　１０３００ｍ
　運用限界　１００８０ｍ
空戦性能の特質
　長　所　⑴　急上昇性能良好（全速力で引上げたる場合、九六式四号艦戦に比し
　　　　１００乃至１５０ｍ大）
　　　⑵　上昇旋回性能良好
　　　⑶　速度大（降下時、増速特に大なり）
　　　⑷　高空性能良好

短所 (1) 旋回性能劣る（特に垂直面に於いて悪し）

(2) 翼幅大にして切り返し操作、鈍重

(3) 操縦桿を一杯引きたる場合
低速に於いて「ガクガク」を生起し、或いは自転を起こす（垂直旋回に於いては内側辷りの旋回を実施することに依り大いに自転を防止し得る）

(4) 突進間の据わり稍悪し特に速度及び原動機の変化に依り前後釣り合いの変化、大なり（昇降修正舵を適当に調整すること必要なり）

十二試艦戦は飛行試験により評価され、空技廠から報告書がまとめられている。両立させることが困難と危惧された要求性能は実現できたのだろうか。

要求性能値	飛行試験計測
(1) 最高速 270kt（4000m）	 270・5kt（4000m）
(2) 上昇力 3分30秒以内 （3000mまで）	 3分31秒 （3000mまで）
(3) 航続力	

正規　3000m
　公称馬力
1・2〜1・5時間　1・28時間
（4430m　271kt）
過荷　3000m
　公称馬力
1・5〜2・0時間　1・52時間
（4430m　271kt）
（増槽タンク付）
巡航にて正規　6時間以上　180kt×7・05h　1263nm
過荷　180kt×9・66h　1740nm
(4)　離陸滑走距離
70m以下　78m（12m／s）
（合成風力12m／s）
(5)　着陸速度　58kt　以下　60kt

飛行試験での計測値は要求性能値を満足していることが分かる。最高速が270ktに対して

２７０・５kt、上昇力が3分30秒に対して3分31秒とほとんど要求値どおりで、航続力は、高速時（最大連続出力）が要求値内で巡航時が6時間以上の要求値に対して７・05時間（正規）９・66時間（増槽付）と、要求値を大幅に上回る性能をもっていることが明らかになっている。

十二試艦戦の開発で設計陣が苦心をした目標値が見事に達成されている。エンジンを三菱「瑞星」から中島「栄」に換装した量産型は馬力が10％程増大し、燃費率も優れていることから速度、上昇力が向上し、航続力がほとんど低下しなかった。

飛行特性についての搭乗員のコメントが、空戦性能の特質として報告されている。

長所としては、上昇性能が良好、速度が大であること、高空性能が優れていることが記載されている。これは縦横比の大きな翼、機体の軽量構造、エンジン出力の増大によるものである。

一方、短所としては、旋回性能が劣ることと、翼幅が大きいため切り返し操作が鈍重と指摘されている。九六艦戦より機体規模が大きく翼面荷重が高いので、旋回性能は低下することは止むを得ないところである。翼幅が大きく低速で着艦操作をするため、高速での横転操作は重くなってしまっている。このことは当初から指摘されており、タブを付けて軽減を図るなどしている。この問題を解決するためには、翼端を切断し、翼幅を短くすることが有効である。幸い、航続力は要求値に対して十分余裕がある。空技廠で翼端を切断した効果を確認する試験がおこなわれている。

翼端切断の効果

零式一号艦戦改造実験
翼端を角型とせるもの
空技報　02192

	翼端角形	翼端現型
	A6M2　No.445	No.616
全速	（4550m）291・5kt	286kt
上昇	6000m　7分38秒	7分27秒
実用上昇限度	9880m	10080m
	28分44秒	29分5秒
絶対上昇限度	10100m	10300m
離陸　無風	69・5ktにて	68ktにて
	223m	198m
12m／s	98m	82m
重量	2420kg	

ここでは、零戦二一型445号機を改造して翼端を切断して角型に成形した供試機で行われ

た飛行試験のデータが、零戦二一型616号機と比較評価されている。

これによれば、最大速度は286ktから291・5ktへ向上している。翼を切断し、翼面積が減少したため、摩擦抵抗が減ったのである。

上昇力、上昇限度はわずかに低下し、離陸滑走距離は少し伸びることになる。航続力も巡航時の誘導抵抗が増えることから低下するが、それでも十分余裕があり、横転性能が良くなることから、次の改良型零戦三二型にこの方式が導入されることになったと思われる。


堀越チームが手掛けた海軍戦闘機の開発には、随所に興味深い事実が隠されている。曽根資料を丹念に読んでみると興味深いことを見出すことができる。

陸軍で競争試作となったキ―三三は、営業政策として手を掛けずに形だけの参加とすることとなったが、機体の外翼フラップを廃止して重量軽減を図ることが指示されている。しかし、記録写真では手を掛けずに当該フラップは廃止されていないことが確認されている。

九六艦戦は航続力を延伸するため、増槽の装備が要求されたが、空中では動圧を受けるため変形し、投棄機構が円滑に作動しないという不具合が発生している。このため、九四艦爆の爆弾投下機構をならったものとなった。この投下機構は確実であるが空気抵抗が大きいという問題があったが、まずは確実な作動を優先している。この経験を活かし、十二試艦戦では洗練された増槽を装備し太平洋上を広く活躍することができたのである。

十二試艦戦の試作機は、速度計の補正が済むまで計測値は目標の270ktを下回っていた。

そこで航本の巖谷部員がスピンナーキャップをつけて抵抗を減少させたらどうかと指導する。このことから、試作機にはこのキャップがなかったことが判明する。ハミルトン製恒速プロペラの追随性にまだ不具合があったための処置と思われる。

十二試艦戦の性能が空技廠の飛行試験報告として結果が示されている。最高速、上昇力ともに要求値に一致し、航続力はかなり余裕がある。このことから、堀越チームの努力が報われていることが分かる。空戦性能についての搭乗者のコメントは、横転時の切り返しが鈍重との指摘がある。横転性能を改善するためタブの導入もされたが、翼端を切断することで改善できる見通しが得られている。改善型として零戦三二型では、エンジンの換装とともに翼端を切断した形状型が採用されたのである。

第14章　堀越チームのエピソード（その2）

曽根技師が残された資料には直接、戦闘機の開発に係る事項だけではなく、仕事で関連した機体を見学して、技術者としての率直な所感が報告されている。

・構造を担当して、曽根技師はすでに、九試単戦の金属製単葉軽量構造を成功させているため、東大航空研究所で開発中の長距離機に対してさまざまな部位について忌憚のない鋭い観察をしている。

・九六艦戦が実戦に投入されて間もなく、空中戦で、相手の戦闘機と空中衝突し、主翼の左、約1／3を失いながらも飛行をつづけ、基地まで無事生還するという事象が発生した。曽根技師の簡潔な報告で、この衝突が、わずかでも左右にずれたら生還は困難な奇跡的な出来事であったことが明らかになっている。

その他、筆者が曽根資料の中で興味深く思えた事項について詳述してみたい。

・開戦から間もなく、零戦隊が米陸軍の「空の要塞」ボーイングB‐17と遭遇する。この「B‐17」を撃墜することが容易ではないことに海軍は衝撃を受け、ただちに対策を打ち出した。
・零戦の量産は、協力会社の中島が三菱よりも多生産をしたことはよく知られている。曽根技師の報告で、同社での量産の準備の状況が明らかになった。
最後に、堀越技師たちが苦心惨憺して構築した、零戦の「設計哲学」は実のところ、今日の代表的な工業製品にも脈々と生きている。その例をいくつか示してみたいと思う。

航研機の見学

出張報告

一、目的　航空研究所設計の長距離機見学

二、行動　昭和11年5月23日
午前9時、航空研究所に出頭、小川同所所員より、長距離機一般につき御説明を聞く。午前10時半まで同所内を見学す。

それより、大森、瓦斯電気工業会社に至り、木村所員の御案内にて長距離機製作の現場にて木型及び実物を見学す。午後三時、同所を退出、本店に至る。

同行者　本店　梅津嘱託　当所　小沢技師　宮原技師　加藤技師　掃部技師　斎藤技師

三、報告並に所感

航空研究所内の見学に際しては、実に懇切なる案内をされ各研究室にて見学を歓迎されたるは感謝に堪えず当方にて時間なきため、見学を急ぎたるは、各室にて説明して下さる方に対して誠に失礼にて恐縮せる次第なりき。研究所内の見学に対しても、更に、時間があれば大いに得る所ありしならんと残念に思いたり。

長距離機は、低翼単葉にして外観は、空気力学的に洗練されたる形状を有し、操縦士の視界等は犠牲とし、冷却器はプレストン冷却を採用、脚、尾輪を引込み式とし、純記録機として設計されている。

構造的方面より見る時は、全機として構造様式の統一使用材料型材の統一等に於いて、一見纏まりなく奇異の観あるも、之は所員の各々が各構造部の受け持たる研究設計せられたる結果と、推察さる。部分的に之を見れば面白き構造様式が各所に見受けられ、大いに参考となる所ありたり。

主翼は、羽布張り、Single Spar にして Torsion Bracing を用いて捩れ剛性を持たしている。

本機設計当時（約三年前）には Semi-monocoque 式構造は未だ強度計算

方式が判然とせず、純理論的に強度を計算し得て且つ最も軽いと思われた本機の如き構造を採用したるとの小川所員の御説明ありたり。Torsion Bracingは determinate structure にして各部材の強度が正確に計算してある。

本主翼はA状態荷重係数3・5倍（全備9000kg）にて翼重量10・5kg／㎡位の予定との事の故、あまり軽くもないようである。

胴体は、普通のモノコック式構造にして別に特殊な処も見受けられない。

外板は、0・6〜0・9㎜のSDRを使用し、3φ鋲にて鋲着されている。

単桁式主翼とモノコック式胴体との結合に苦心の設計が見受けられる。

尾翼は、多室式（ダグラス式）にして胴体とはL型材とボルトにて結合する方式を採用してある。

強度計算は、丁寧に行ってあったが最初の寸度を決定する附近が判然としなかった。

未だ、実物が出来ていないので取付部等を実物にては見る事が出来ないのは残念であった。

又、全般として、機械仕上げの金具類が非常に多数使用せられ、製作方面より見る時は、あまり関心出来ない点も多数あると思われた。

然し、全機の各部が強度計算を正確に行われる構造様式を採用し強度は丁寧に計算してあり、之を実物にて破壊試験を行われる由であるから此等の資料は、我国の機体設計上に貴重なる資料となり、又、設計上、一般の指針となるものと思われる。

而して、全機の推算性能は大いに期待すべき結果を示しているから、実物の完成、試飛行の日の速かならん事を祈る次第である。

九試単戦が、現用の九〇式艦戦から約１００km／ｈも速度が向上するという高性能ぶりを発揮して、わが国の航空関係者を瞠目せしめた。同機の量産に向けたさまざまな不具合対策が収束し、陸軍用キ－三三の作業指示が出された時点で、曽根技師は東京大学航空研究所で開発が進捗している「長距離機」を見学する機会を得た。

航研機は、航空機の機体（空力、構造、制御、艤装）あるいは原動機などの要素技術を手掛ける航空研究所で、世界記録を狙うプロジェクトは各方面から強い関心を集めていた。三菱本社（本店）と名航から見学に技師たちの参加者が集まった。

午前9時から、駒場の航空研究所で小川所員から御説明受けるとある。小川太一郎所員は、航研機の機体主任である。この人選から、三菱は、研究所から厚遇されたことが分かる。各研究室でも歓迎された様子が窺える。その後、大森の瓦斯電工業の工場に移動し、木村秀政所員の案内で組み立て中の実機と実大模型を見学している。

曽根技師は航研機の機体について、形状が空力的に洗練されているが視界を犠牲にしていることを記している。抵抗減少のため、前方視界が確保されない設計だが、これは、パイロットの藤田雄蔵少佐が同意したことでこの設計案が採用され、記録飛行に挑戦することになる。周回飛行の目標上空で直上通過を機上から確認する必要があり、上方窓を開けて確認したようだが、実際には、パイロットのこの作業は負担であったようだ。記録飛行の翌日（!）、提出された藤田少佐の21ヶ条の改造意見の第1条は「前方視界を得る如く改造を要する……」と記されている。

航研機は、機体形状が空力的に洗練され、国産機で最初の引込脚を採用しており、長距離を目指す記録機としてまとめられていると記されている。しかし、構造については、曽根技師が構造担当者であるため、種々の問題を報告で指摘している。

まず、構造様式が統一されておらず、使用材料・型材のまとまりがないとされている。通常の機体の開発に際しては、主任設計者の下に、設計方針の統一・共有がされるが、大学の研究所での開発であるため、方針事項を共有するのではなく個々の研究成果を持ち寄って組み合わせているように思われる。

航研側は主翼構造は、単桁に羽布張りが軽くなるとしているが、実はそうではないという指摘をしている。九試単戦で2本桁＋応力外皮の設計法を適用し、強度計算法を確立していたため旧来の方法と映ったことと思える。

航研機の主翼構造は、主桁で曲げモーメントを、Torsion Bracing（捩れ支持斜材）で捩れモーメントを耐荷する。外板は、金属ではなく羽布を丁寧に仕上げたものである。本機の設計が開始された数年前の時点では、セミモノコックの強度計算法が確立されていないため、単桁と羽布の組み合わせが軽くなると判断しているが、実際にはあまり軽くないと率直な所感が記述されている。また部品の機械仕上げが多く、感心できないともいっている。航研機は組み上げてから不具合が多く、現場では、設計変更の連続で苦心している。大学の航空研究所でプロジェクトを上手くまとめるためには、会社の主任設計者に相当するリーダーに、機体の設計の取りまとめだけでなく予算・人事の権限を集中させることが肝要であった。さまざまな問題点を報告した曽根技師の観察眼が光る箇所である。

九六艦戦「樫村機」の見学

日時　昭和13年1月25日
場所　空技廠　飛行機部
ハインケル機の見学後、本多主任のご厚意により、南昌空襲戦に於いて敵機と衝突、片翼をもぎ取られ無事帰還せる樫村三空曹機を見るを得たり。機体は三菱第三十三号機にして、左翼3・0肋骨より外方は完全にもぎ取られ（翼端より約2m）切断面は、宛も名刀にて一気に切り取られたる如く切断面より内方は何等損傷変形を受けておらず、補助翼中央蝶番より約30㎜外方にて切断され、補助翼キングポストは幸い助かり居り、誠に幸運の個所にて切断されたるものなり。

海軍期待の新鋭戦闘機、九六艦戦は、昭和12年9月から実戦に投入され、たちまち航空優勢を獲得する。実戦に投入されたのは最初の量産型である九六式一号艦戦である。

12月になり、上海から南昌に出撃した樫村寛一三空曹は、空戦中に国府軍のカーチス・ホークⅢと空中衝突を起こした。主翼の左側約1／3を失いながらバランスを取り、基地まで飛行をつづけて見事に生還した。この時の九六艦戦の姿は、当時のマスコミにより大きく報道されたことから、全金属製戦闘機のロバスト性を宣伝する格好の事例となったのである。

この機体を、曽根技師は、海軍側の特別な配慮により、空技廠飛行機部で見学することができた。

樫村機は、翼端から約2ｍのあたりに名刀で切断した如くであると記述している。図で見ると、あと30㎜内側に移動していたら補助翼の中央ヒンジを破壊して、横の制御が不可能になるところであった。奇跡的な位置で衝突していることが分かる。この奇跡の九六艦戦は、原宿の東郷神社の隣接地にあった海軍館に展示され大きな話題となった。

片翼を損失して飛行を継続することは、通常、非常に困難である。世界的にみても１９８３年、イスラエル空軍のＦ-15が僚機のＡ-４と空中衝突し右翼を失いながら約16㎞先の空軍基地に生還した事故が知られるのみかと思われる。

九六艦戦の主翼切断場所の幸運と樫村三空曹の沈着で卓越した技量を称えてよいだろう。

兵装強化研究会

日時　昭和17年2月2日

（1）Ａ6兵装強化研究会

バリックパパンにて敵4発のもの（Ｂ－17）襲来

片翼帰還の樫村機“4-115”　昭和12年12月9日
於：上海・公大基地上空　ⓒ野原茂

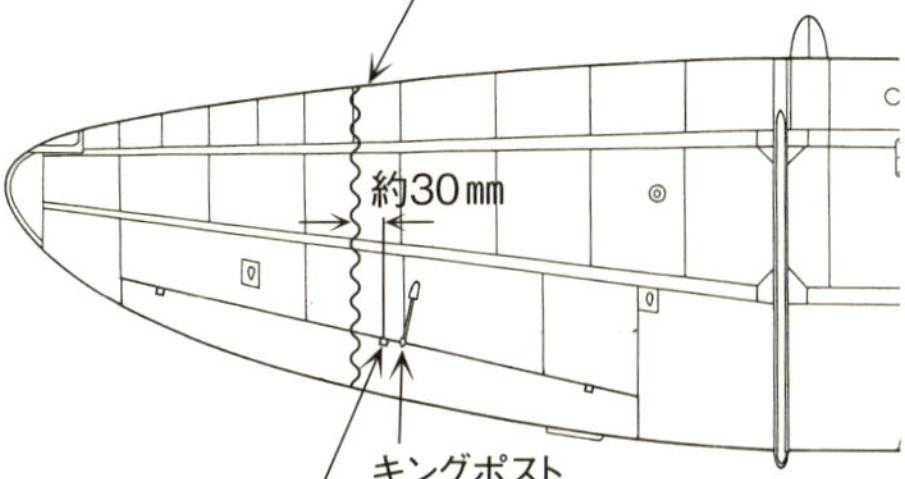

樫村機破損状況　野原茂氏図面より作製

A6 15機応戦、黒煙をはき、高度を低下す
① 弾の威力
② 銃の数
局戦 production は2年後となる機銃を2個増して、重量を増し、桁強度をつらくし空戦性能を制限低下せしめるは不可
特殊攻撃兵器か弾の威力、弾の数を増すこと
・20㎜機銃を4挺改装備に関し
① 主翼其の他の補強の程度及び其の難易
② 構造難易
③ 性能に及ぼす影響
至急飛行機部に於いて研究の上、再検討のこと
B-17Eを屠す局地戦をA6を元として1日も早く作ること
・機銃数は、現状の通りとし、携行弾数200発にする場合に関する諸項1検討
(2) 十四試局戦兵装強化研究会
大東亜戦争の教訓
① 弾の威力
② 携行弾数を増す

③　銃の数を増す

・100発入り弾倉を装備する如く研究すること、研究の上、出来るだけ2号より装備のこと

川西一号局戦兵装強化（案）

①　現在装備の20㎜固定機銃は100発入り弾倉装備可能なる如く関係各部と連絡の上、具体案を至急提出のこと

②　2号機以降、成るべく早き機体を改装する如く調査の上状況報告のこと

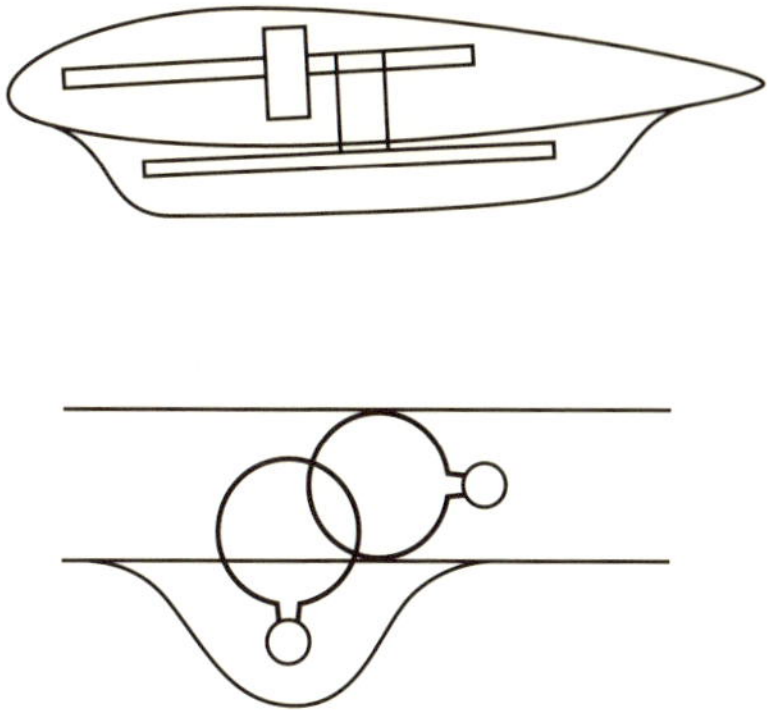

川西1号局戦

③　改装要領決定せば、1号機の外装変更実験を行い得る如く準備のこと

④　本機性能向上型に対しては、20㎜機銃4挺（各銃100発）に改装する方法に関して研究の上、案提出のこと

⑤　13㎜級機銃を翼内に装備の能否に関して研究し、状況報告のこと

太平洋戦争開戦から、機動部隊、基地航空隊の零戦隊は、期待通りの目覚ましい働きぶりを見せたが、想定外の事件が起きた。ボルネオのバリックパパン地区で、飛来したB-17単機を

相手にベテランが搭乗する零戦15機が空戦となったが、なかなか撃墜することができなかった。20㎜機銃は爆裂弾で、命中すると大きな威力があるはずだった。これは大きな誤算であった。

海軍は、ただちに反応した。兵装強化研究会をひらいたのである。

零戦の兵装に対しては、①弾の威力の増大、②機銃の携行弾数増大が議題に上っている。機銃の数を増大させるためには、翼桁の強化等の補強対策が必要となるため空戦能力が低下するがこれを不可として、弾の威力の増大（長口径の二号銃で初速を向上させる）および弾倉の大型化による携行弾数の増大が次期量産型三二型以降で採用された。

また試作中の「雷電」および「紫電」局地戦闘機の量産には2年を要することから、零戦を元にした局地戦を1日も早く実現することを要求しているのが注目される。零戦を局地戦化した派生型を生産する方策は、この後、推進されることはなかった。

なお零戦がB-17の撃墜に手を焼いた理由は、同機が4発の爆撃機で大型であるため、照準器に大きく映り込み、搭乗員が遠くから射撃をして命中弾が得られなかったためと判明している。これ以降は、敵影を、照準器一杯に映りこむまで引き付けて射撃する方式を採用し、20㎜機銃弾の威力を発揮している。

この日、引き続き、十四試局戦（雷電）の兵装強化研究会がひらかれている。

爆撃機の邀撃が主たる任務の局地戦闘機の兵装強化は、20㎜機銃を4梃搭載することが主な議論になっている。その具体的な装備法として川西一号局戦（紫電）に搭載する場合の川西案が示されている。大型化したドラム弾倉を内舷、外舷の機銃の角度をひねりバルジに収める巧妙なアイデアである。開発が始まったばかりでこの提案がされ、三菱にも伝えられたことが興味深く思われる。

その他にも、13㎜機銃の翼内装備についても研究が指示されている。20㎜機銃は、60発搭載ドラム弾倉から、100発弾倉へ大型化し、続いてベルト式弾倉へと進化し、機銃の銃身長も長くなって（2号銃）初速を向上させて威力を逐次増大させることができた。「空の要塞」は手ごわい相手ではあったが、海軍の対応は素早かったといえるだろう。

零式艦戦多量生産研究会

日時　昭和17年7月22日、23日

出席者　牟田監督官

　東京監督長　只木監督官

　航本技術部長　吉武、永盛、江木技師　塚田課長

　藤原所長　松原次長以下

実施項目並び次第

7月22日（水）1000開会

　挨　拶　　司会者

主旨説明　　航本技術部職員

現状一般　小泉製作所長
1、零式艦戦の状況
2、作業計画
3、材料部品入手計画
4、工作法
5、検査法
6、其の他
7、工場視察
7月23日（木）0800開会
午前　分科会
部品関係
組み立て関係計画関係
午後　質疑応答並び懇談
中島社にて製造中の機種
B6N1　（艦攻「天山」）
J1N1　（夜戦「月光」）
A6M2-N（二式水戦）
A6M2　（17-9で終わり）（零戦二一）

A6M3（零戦三二）
G3M2（17-6で終わり）（九六式陸攻二一）
G3M3（九六式陸攻二三）

A6生産注文
16年度　150機
17年度　400機
18年度　1000機

実績　A6M2
16年度　11月　1機
12月　6機
1月　19機
2月　22機
3月　26機
17年度　4月　22機
5月　28機
6月　29機
7月　（41）

18年度

8月　（52）
12月　（75）（100）
（　）は予定

設計上の問題

① アンテナ支柱
② 尾翼外板の歪
③ 滑油タンクの漏洩
④ 胴体後部の線図の設計変更
⑤ 水平尾翼後桁と外板との鋲
2φ↓2・5φ
工作法　注意を要す
歪には stringer の位置変更を要す

所　見

① 分割工事
人がかかりすぎる

② 鋲　打
air pressure 当て板の重量、手打ちでやる
③ 計画作業管理
機種別に工場を分ける

質疑応答
小泉製作所長
① 機種の多い場合は（8機種）如何なる方法をとればよきや
専門の担当者をおく
② 二交代制
当　所
・今回の成果大なり
技術交流のため、他会社もさらに見学できるようにされたし

零戦は中島飛行機でも分担生産され、量産機数は三菱より2387機も多かったことはよく知られている。両社は、たがいに協力しあって量産にあたったことが生産機数からも想像されるが、どんな状況の下であったかを示す文献はあまり見当たらない。

曽根資料の中に、零戦の多量生産研究会がひらかれていたことが示されている。昭和17年7

月の興味深いこの研究会の報告の概要を伝えたいと思う。

昭和13年11月に及川古志郎海軍航空本部長は、各社に航空機の生産拡充を命じる。これに呼応して中島では、太田製作所の南南東約５㎞の小泉村に海軍機専用の大規模な工場の建設が開始される。これが小泉製作所である。昭和15年４月には工場の一部が竣工すると、海軍機の生産が太田工場から全面的に移転した。

昭和17年11月に小泉製作所の完成式典が挙行されているため、７月22日の研究会は、工場の竣工前に開催されたことが分かる。また新工場建設に連携して、約１㎞東北に専用飛行場を建設する。この飛行場は８００ｍの滑走路を２本備えていた。完成機は、専用道路を牽引されて飛行場に到着し、海軍に領収されることになる。

この研究会は、工場の完成を控え、零戦の量産計画を策定するための重要な時期に開かれたものである。戦争が予想以上の消耗戦となったため、量産工場として高い目標が掲げられた。16年度の１５０機から始まり17年度は４００機そして18年度には１０００機が計画された。中島での零戦の生産機数は実際には、これを上回るペースで量産して、終戦までに６２０４機が生産されている。

興味深いことは、この時点ではＡ６Ｍ２（零戦二一型）が17年９月で終了し、Ａ６Ｍ３（零戦三二／二二型）に移行することが予定されている。ガダルカナル戦などで航続性能の低下が零戦三二型では問題とされ、三菱だけの生産に止まり、中島では零戦二一型の生産となった。

また量産に際しては、細部の設計変更が実施されている。設計上の問題として、アンテナ支柱、尾翼外板の歪、滑油タンクの漏洩、胴体後部の線図変更あるいは尾翼後桁鋲径の拡大などがあげられており、三菱製と中島製の完全互換性を追求していないことが注目される。事実、初期の二一型はスピンナーの形状の差異、胴体日の丸に白縁の有無、また後期五二型の緑色胴体塗装の塗分け線の相違などで識別することができる。

質疑応答で、生産機種が多いことに対する対策が問われたのに関して専用の担当者を置くことが記されているが、他にも機種ごとに専用棟とし「天山」艦上攻撃機などを半田工場で生産して種類を減らす方針が採られていたことが分かる。昭和19年秋には、零戦と「銀河」陸上爆撃機の量産専用棟ができ、小泉製作所では二交代制で昼夜、量産に努力をした。昭和20年には太田、小泉製作所とも、空襲により被害を出している。終戦とともに米軍に接収され、小泉製作所はキャンプドルウとなった。

その後、昭和34年に返還され、東京三洋電機の工場になる。さらに昭和44年には小泉飛行場も返還された。占領時代の飛行場では2本あった滑走路の東側がゴルフ場にされている。

この飛行場跡地は、現在、スバル群馬製作所大泉工場として水平対向エンジンを生産している。

今に活きる零戦の設計哲学

零戦が太平洋戦争開戦後、圧倒的な戦果を収めることができた理由は、具体的な諸性能にあった。すなわち、優れた運動性能、上昇性能、強力な火力、陸上機と遜色のない速度性能、そして比類なき長大な航続性能である。また優れた操縦性ならびに良好な視界をもって、着艦・着陸速度が十分低いことも評価されている。

当初の要求性能は、艦隊を防空するのが主たる任務で、攻撃してくる艦上機、あるいは大型機にも対処する必要から、運動性、大火力、速度などが求められていたが、大陸での戦訓により、途中から、味方の陸攻を援護しうる長大な航続力が要求されるようになった。これを満足させるため、主翼を制限限度一杯に拡幅し、空気抵抗の少ない増槽に片道分の燃料を搭載した。空戦時にはこれを投棄するという卓越したアイデアにより実現している。

このことはサッカーにたとえれば、ディフェンダーの役割の艦上戦闘機にフォワードの役割を果すことを要求したといえる。これに対し堀越チームは、空力の洗練、構造の軽減、軽量・高強度の素材の導入により、厳しい要求を満足させている。

零戦の要求、どの個々の性能についてもライバルに劣るものはなく、幾つかの項目では、十分優越する（運動性、上昇力、火力、航続性）という設計哲学は、今日の優れた工業製品についても見ることができる。

１９６６年に登場したトヨタのコンパクトカーの開発では、立川飛行機のキ－九四戦闘機の主務設計者を経験した長谷川龍雄主査の指導の下、「80点プラスアルファ」とのスローガンを掲げ、どの項目の性能もライバルに劣らず、プラスアルファとしてプラス１００ccの排気量の余裕、４段フロアシフトなどスポーティな味付けをした新車が生み出された。これがベストセラーとなるカローラである。この車のヒットはトヨタを国内№1のメーカーに引き上げる原動力になった。

この「80点プラスアルファ」という形を変えた零戦の設計哲学は、いわば、工業製品の「勝利の方程式」であるといえる。

カローラの成功は、約20年の年月を経て、再び繰り返される。トヨタは、米国における超高級乗用車の分野で確固たる地歩を固めるべく新車を登場させた。メルセデス、BMWを上回る高級セダンの実現、これが長年のトヨタの夢であった。

快適性、高品質でライバルを圧倒する。これがブランニューのレクサスLSであった。新たなV8エンジンで高出力、低振動、低燃費を実現した。これは、ライバル以上の出来栄えであった。優れたもてなしの心を演出したレクサスLSは、良いものは良いと認める米国社会に急速に受け入れられていった。今日ではレクサスは、高級車の確固たるブランドとして認められている。

この、形を変えた零戦の設計哲学は今日でも脈々と活きているといえるだろう。

零戦に代表される、堀越チームの大きな成果を曽根資料という形でみることができた。厳しい要求性能を満足させるため、最大の努力を集中する姿には素直に敬服の念を表したい。われわれは、日本の航空機開発の歴史をたどる時に、〝零戦〟という輝かしい成果があったことに誇りをもってよいと思う。

英国の著名な航空評論家であるウイリアム・グリーン氏が次のように述べている。

「太平洋戦争の最初の一週間で、われわれは、日本の航空技術者の能力をいかに低く評価していたかを劇的に思い知らされた」

この一文で、日本の航空技術者の優れた仕事が高く評価されたことが分かる。

零戦等の海軍戦闘機の開発過程は、堀越技師と奥宮正武の共著『零戦』で詳細に記述されていることから、その開発における多くの技術的課題を知ることができる。堀越チーム№2の曽根技師が残された資料は零戦の開発過程の詳細を多くの観点から補完してさまざまな新しい事柄を教えてくれた。

第15章　80年を超えていま明らかになった零戦開発の秘密

曽根技師が残した資料は、昭和10年2月から始まっている。すなわち九試単戦が飛行を開始した直後からである。この資料にはさまざまな内容が記載されているが、三菱の製造部門への各種の指示、発注元の海軍側とのさまざまな調整、官側で実施する強度試験などへの立ち合い、さらに協力・分担する会社との打ち合わせなど、多くの業務を担っていたことが分かる。

曽根資料を堀越二郎が海軍の奥宮正武と共同執筆した名著『零戦』の詳細な記述と細かく突き合わせてみた結果、機体開発の経緯、技術的な課題などについても一層理解が深まったように思える。堀越チームによる戦闘機開発の足跡をたどる第一級の一次資料として大変貴重なものといえる。

補筆として第15章では、曽根資料を細かく読むことで明らかになった事項について、これまでの話に加えて言及してみたい。

低翼単葉戦闘機への課題

第一次大戦後に兵器として登場し急速に発展した飛行機は、１９１８年の終戦後、しばらく各国での進歩が停滞するが、米国での研究努力の成果もあり、１９３０年代に入ると同時に急速に進歩している。

機体形状が、複葉から単葉に移行するとともに、機体構造は鋼管羽布張りから高力アルミ製のモノコックへ、固定脚は引込脚に移行し、さらに空冷エンジン搭載機には、空気抵抗を大幅に減少するエンジン・カウリング（整形覆い）が考え出されて、速度性能などが飛躍的に向上していった。

これらの技術を適用した新型旅客機等が、まずは著しく性能を向上させる中にあって、戦闘機は、敵機の後方に回り込む格闘戦をするため、他の機種と比べて格段に大きな荷重に耐える必要から、従来の複葉から単葉へと円滑に進化させることが技術的になかなか困難であった。戦闘機を高性能化させるため、単葉・全金属製にする試みは主要国で多くの試みがおこなわれていたが、高速性能をもつ在来の複葉戦闘機と格闘戦で遜色のない機体の開発は難行し、複葉機で格闘戦に馴染んだパイロットたちに受けいれられることはなかった。

機体形状が空力的に洗練され、低抵抗のＮＡＣＡカウリングを装備して合板のモノコック構造のロッキードヴェガ単葉機が登場、空力的に洗練した形状と木製ゆえに平滑な機体表面を実現し、引込脚を採用したハインケルＨｅ70高速旅客機、あるいは金属製低翼単葉、引込脚を採用した近代旅客機の始祖ともいえるボーイング247型機などが次々と登場し始め、それらの速度性能は、各国の現用複葉戦闘機の最高速度を凌いだものになった。

このことから、新世代の高速機に追いつけない複葉戦闘機の価値が問われるようになり、それはやがて戦闘機無用論として多くの議論を巻き起こすことになる。

この流れの中で、日本海軍は将来の航空機を見通して、多くの国産機開発を開始する。複葉の九〇式艦上戦闘機の後継となる次期艦上戦闘機の開発もこの時に開始されている。三菱、中島両社が競争試作を命じられた、七試艦上戦闘機である。

三菱は、入社して5年目の新進の堀越技師をこの開発の主任設計者として任命する。十分な経験をもったスタッフも指名され、彼らに支援されて、堀越技師が取りまとめた機体は、低翼単葉で、胴体はモノコック構造という当時としては非常に進歩的なものだったが、単葉の主翼は外板が捩れモーメントを分担する応力外皮ではなく、旧来の羽布張り構造であった。

それでも、堀越技師は前後桁間を斜め材でつないで捩りモーメントを分担する構造を自ら考え出した。だが大きな荷重に耐えるためかなりの厚翼となった。この構造は、偶然だが数年後に登場する英国のホーカーハリケーン戦闘機とほとんど同様のものであった。

堅実・保守的な設計で知られるハリケーンの主任設計者シドニー・カム技師と新進の進歩的な堀越技師が、偶然にも同じ様式で主翼構造をまとめていたのがとても興味深く思える。

世界の艦戦で、初めて低翼単葉を採用した七試艦戦は意欲作だったが、分厚い主翼、大きな固定脚カバー、突出した胴体リベットなど、設計意図を充分反映することができず、堀越技師

七試艦上戦闘機　©野原茂

としては不本意なものとなった。三菱と中島の七試艦戦は、それぞれ、要求性能をみたさなかったため、不採用となったが、飛行試験を担当した小林淑人大尉と後任の岡村基春大尉は、将来の戦闘機は単葉機になるとの確信をもって飛行試験をつづけていた。

ちなみに飛行試験では、1号機が垂直尾翼の強度不足による破損で墜落している。そのとき小林大尉は、落下傘降下で生還している。2号機は、岡村大尉が搭乗して果敢にマニューバーを行い、横転から失速してスピンに入り、そのまま旋転の早いフラットスピンとなり、回復不能で機体が失われることになった。

このときも、岡村大尉は落下傘降下で生還しているが、脱出時にプロペラで指を負傷している。このスピン事故は大きな波紋を起こし、海軍では、スピンの動的相似模型（形状、重量、重心位置および慣性モーメントを相似則により合わせたもの）による風洞試験が必要と認め、すぐ空技廠内に垂直風洞を建設してスピン問題の解決をはかっている。

七試艦戦は残念ながら不採用になったが、その開発でさまざまな克服すべき課題を明らかにすることができた。結果的に見れば、価値のある失敗だったといえる。

堀越チームの設計の流儀

(1)　横安定性の改善

七試艦戦から2年後、堀越チームは再び新戦闘機開発に挑戦する機会を与えられる。これが社内名称カ14の九試単戦である。

この機体は空力的に洗練された形状と全金属製の軽量構造を実現して、現用の九〇式艦戦から最大速度で約１００km／hも上回る高性能ぶりを発揮して関係者を驚喜させたことは、良く知られている。ここでは、細かな堀越チームの設計の流儀について触れてみたいと思う。

七試艦戦では低翼単葉機の操縦安定性やスピン回復特性まで十分な配慮を加えることができなかったが、この経験を踏まえて、九試単戦ではさまざまな工夫と配慮を見ることができる。

低翼単葉の形態はこのころ、欧米主要国では試作機で盛んに試みられているが、その多くに干渉抵抗の減少が見込めるため、重量がかさむ主脚が短くでき、プロペラ直径が大きく採ることができる「逆ガル」の形態が選定されている。この形態は、前方から見ると主翼がW型となっている。

主翼と胴体の干渉抵抗が減少するため、高速化をめざす戦闘機には有効な形態として九試単戦でも1号機には、この形態が選定されている。その一方で「逆ガル」形態の問題点として、主翼の屈曲部からの早期剥離により失速性がよくないことを懸念して、水平の基準翼と上反角を付けた外翼とする形態の2号機を当初から用意した。

この形態については、離着陸を容易にするフラップが準備されていた。果たして、1号機が飛行を開始すると、空力的に洗練されているゆえに地面近くで揚抗比が高くなり、目標地点になかなか着地することができなくなるバルーニングの対策と、失速角附近の特性も改善する必要が明らかになった。

そこで、堀越技師は当初から計画していたように「逆ガル」を通常の「基準翼＋外翼」の形態に変更し、フラップを装着することで問題を解決している。また戦闘機の操縦・安定性について、パイロットからさまざまな要求が出た。九試単戦では、この要求に応えるため、主翼の上反角をそれぞれ細かく調整可能とすることで対応している。

堀越技師が操縦・安定性を重視していたことと考え合わせると得心のゆくところである。このことは、曽根技師の最初の指示書で明らかになっている。以下は、昭和10年2月に出された試作第1工場の福井技師あての準備指示である。

・カ14　第2号機　上反角変更に対する準備
1号機　飛行試験の結果、上反角変更の必要を認めましたが、如何程角度を変更するやは未定にて、決定は、今月二十日頃になると思います。其の為、工事の遅れるのは止むを得ません。

上反角変更の準備として、外翼側結合金具（4031、4032、4033、4034）を変更する為、火造りを至急お願い申し上げます。

基準翼側結合金具及び基準翼、外翼、結合部肋骨は変更しないことにしますから現在の儘にて工事進捗方お願いします。


この指示書により、1号機は上反角の変更が必要であること。その角度は未定であるが変更する結合金具の図番を示していること。さらに他の部位は、変更なしと伝えられている。

続いて、次の指示が出る。

機設　曽根
福井技師　殿
・第2号機　外翼上反角の件
第2号機外翼上反角は7°とすることに決定しました。

仍って、外翼側結合金具は、先に第2号機用として計画して出図せる4031、4032、4514、4034を使用致す事になりました。

上記、図面に依り工事進捗方お願い致します。

基準翼と外翼との上反角は、7度と決定して伝達された。この上反角に対応する図面も用意されており、この図番を示している。2号機が形態を変更していながら、すぐに整備できたのは、当初から準備済みであったことが分かる。さらに3号機への指示が出される。

福井技師　殿　　計画係　御中　　機設　曽根

・カ14　第3号機の件

第3号機は2号機と同様ですが異なる所は

1、外翼上反角が絃線に於いて6°となる（2号機は7°）

2、結合部肋骨が垂直となるのみ変更にして他は全部2号機と同様です。

続く3号機では、上反角は再び6度に戻された。それとともに基準翼と外翼の接合面が垂直に変更され、この部位の設計が確定していることが分かる。上反角を細かく変更することを当初より計画していたことが明らかである。堀越技師らしい用意周到さであるといえる。

七試単戦の開発とほぼ同時期の、昭和8年に試作開始された陸軍の九一式戦闘機の後継機を目指した川崎キ-五戦闘機は、堀越技師とは大学のクラスメートであった土井武夫技師がフォークト技師指導の下に手掛けた機体である。キ-五も低翼単葉逆ガルの形態を採り、水冷エンジンを装備していた。本機は、飛行を始めると横安定が不足していることが判明し、外翼の上反角を増やすことが必要となった。

土井技師は上反角を増やす方策として、基準翼と外翼の結合部にクサビを挿入して対応している。この大胆な手法を採用したことに土井技師の真骨頂があるといえる。結局、キ-五は不採用になり、新たに複葉に戻した九二式戦闘機を開発して、良好な性能を実現し、これが制式化されることになる。

のちに、堀越技師と土井技師が設計に参画した、戦後最初の国産旅客機YS-11の開発における飛行試験で横安定性の不足が判明した。これを解決するため、土井技師は必要な主翼上反角の増大を、キ-五に用いたクサビを挿入する方法を提案して見事に問題を解決した事例があり、二人の名設計者の手法の対比となっており興味深い。

(2)　自転対策

複葉から単葉への変換期には、単葉機特有の技術的課題として、失速付近の迎角での自転がある。この自転が発生すると、敵機を追尾中に突然相手を見失い、逆に相手から容易に撃墜される状況に陥ることになる。また着陸態勢に入っている時に自転が発生すれば、着陸事故となる危険性が生じる。

単葉機の自転を防止する対策として、次のようなものがある。

① 外翼の前縁をドループさせる
② 外翼を失速特性の良好な翼型とする
③ 主翼の平面形に前進角をつける
④ 翼根の失速を早める形状にする
⑤ 外翼にスラットを装備する
⑥ 外翼に捩下げをつける

どの方法を採用するかは抵抗と重量増とのトレードオフに依存する。三菱が技術提携していたユンカース社は、低翼単葉金属製機の元祖ともいうべき老舗であったから、自転の対策についても多くの知見をもっていたと思われる。

堀越技師は捩下げ方式を採った。この方法は翼根と翼端の取付角が捩れるため抵抗の増大が懸念されるが、捩れ角を微細に調整するのが簡単である。これが捩り下げを採用した理由であるかと思われる。実際に風洞試験でその効果を確認した結果、必要な捩れ角は数度で済み、抵抗増大のペナルティは僅か数ノットで済んだ。さらに、飛行試験と風洞試験の結果については、レイノルズ数効果の影響でペナルティは最小のもので済ませることができたのである。
以下に、曽根技師の振り角に関する指示書を示す。

昭和11年3月3日
キ一工　国井技師　殿
検査課　西山技師　殿　　　　機設　曽根
・カ14　振り翼用図面の件
カ14振り翼の図面としては特に出図せず
　振り翼各断面の取付寸度表4740に拠って現場にて現図を引き各断面寸法を求めて製作して頂く事になっております。
　従って振れ翼用図面はカ14第四号機より一型に4740を追加せるものが一式にて図面としては全てです。

現場への指示は振り角として現図にて断面寸法を求めて製作するという内容である。振り下げ角の変更が必要になった場合を想定していたことは明らかである。事実、十二試艦戦では振り下げ角の当初の設定が小さく、担当の真木成一大尉から、自転が発生することを指摘されて調整している。堀越技師が振り下げ方式を採ったのは、慧眼であったといえるだろう。

九試単戦は、機動時の誘導抵抗を減少させるための楕円翼であったが、捩り下げにより揚力が楕円分布からずれるのであれば必ずしも楕円にする必要性はないため、以降の十二試艦戦の開発では、主翼を通常の先細翼としたこともうなずけるところである。

海軍空技廠の指導・支援（スピン対策）

七試艦戦でフラットスピン事故が起こり、その対策として直ちに垂直風洞を建設して動的相似模型によるスピン風洞試験の準備をしている。これが九試単戦の試作に間に合い、外形図と慣性データ（重量、重心位置、慣性モーメント）を取得して空技廠で風試を実施している。試作1号機の形状ではスピンから回復できないことが判明して、その対策として背鰭《せびれ》を付加することが勧告された。

この背鰭は応急対策として実施され、量産機からは、風防後部カバーから垂直尾翼まで連続してつながる形状となる。垂直尾翼もスピン試験をした結果から、方向舵の形状が変化する。この結果、機体を失速させ、スピンに投入しようとしたらスピン降下が可能であり、必要であれば直ちに回復させることができる特性を付与することに成功している。複葉戦闘機の時代は、速度過大にならずに降下する方法としてスピン降下が日常的に使われていたため、単葉機の九試単戦でも自由にスピンに投入・回復することが要望されたからだ。

十二試艦戦では翼面荷重が増大し、動圧も大きくなり、スピン降下率も高くなることを勘案

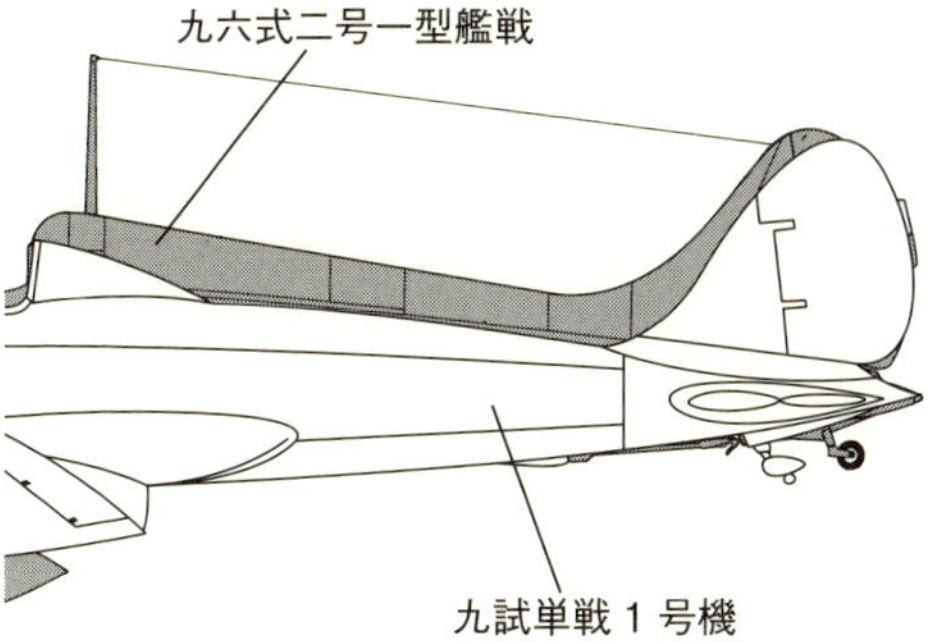

九六艦戦の垂直尾翼周りの変化　野原茂氏図面より作製

して、スピンから速やかに回復できればよいとすることに変化したことがスピン風試結果のスピンチャート図から読み取ることができる。

この相違が、ベテラン搭乗員から九六艦戦が好まれた理由の一つであったと思われる。十二試艦戦の開発では、1、2号機のスピン回復性が不十分であるため、両機には細い腹鰭を取付け、以後の生産機では水平尾翼を上方に移設したことがよく知られている。以降、スピンの問題は完全に克服されたのである。空技廠の強力な支援がなければ、失速―スピン領域の飛行特性を良好にまとめることはできなかったと思われる。

堀越技師の『零戦』では、九六艦戦のスピン特性の改善について一切触れておらず、二号艦戦の胴体拡大についても記述がないのがとても不思議である。

十二試艦戦の開発要求について

十二試艦戦は、昭和12年5月に開発要求書（案）として海軍から三菱、中島両社に打診された。そして大陸での貴重な戦訓に基づき、大幅に航続性能を延伸した要求内容を加えたものが開発要求書として10月に交付されている。交付された後の研究会で議論され、目的が「攻撃機の阻止撃攘を主とし、尚観測機の掃討に適する艦上戦闘機を得るにあり」であったものが、研究会での議論を反映した計画要求補足事項の目的では、(同時に敵戦闘機との空戦に於いて優越する艦上戦闘機なるを要す)とカッコ書きで追記されている。

これは、艦上戦闘機の任務が、単なる味方艦隊の防空任務に加えて、掩護戦闘機として陸上攻撃機の護衛を行い、相手の邀撃戦闘機に優越する空戦性能も要求されていることを示している。味方の陸攻を掩護して長距離を飛行し、その上で邀撃する相手の戦闘機よりも優越した空戦能力を求められる。従来の方策であったが、英国の戦い《バトル・オブ・ブリテン》ではドイツの双発・複座のBf110が単発・単座のスピットファイアに苦戦している。

一方、日本海軍は、単座の艦上戦闘機に護衛・空戦能力を求めたことが、必要に迫られた大きな決断であったといえる。堀越技師はこの問題に果敢に挑んだ。良く知られている、機体の空力的洗練と重量軽減を厳しく進めるとともに、具体的な方策として、以下の方法を採用したことが特筆される。

① 揚抗比の高い主翼形状、全幅を許容される最大限の12mとした
② 経済速度180ktで巡航することで航続距離の増大を図った

③　往路を空力的に洗練された330ℓ増槽だけで賄うこととした

④　燃費率の良好な「栄」エンジンを装備した

経済速度で巡航し、往路の燃料を増槽のみで賄うこととし、長大な航続性能を確保しているのが卓抜したアイデアであったといえる。長距離進出して邀撃する戦闘機に優越する空戦能力を備えた零戦の威力は、中国大陸・米英との開戦当初、遺憾なく発揮されることになったのである。

しかし、戦線が伸びきったガダルカナル島の攻防戦になると、距離が遠く、連日の出撃による搭乗員への体力への負担が大きいため、消耗戦の様相に至り、零戦は大きな改良をしないまま、太平洋の空を終戦まで主力戦闘機として使用し続けられ、次第に厳しい状況に追い込まれていく。適切な時期に後継機への切り替えが必要であったが、その開発の進捗がはかばかしくなかったのである。

ハワイ攻撃の総隊長を務めた淵田美津雄の回顧によると、当時の海軍にはハワイ作戦以降の作戦を考えておらず、インド洋作戦に無駄な時間を費やし、早期に米機動部隊を攻撃する機会を逃したとある。零戦の大量生産、能力向上、後継機開発の推進などが進捗しなかったことは遺憾なことであった。一方、アメリカでは長距離を掩護して、相手戦闘機に優越する単座戦闘機として戦争末期に登場した陸軍のP－51が欧州戦線に投入された。この戦闘機の威力も、空力的に優れた機体形状、高空性能の優秀なマーリンエンジンの搭載によって実現したもので、単座戦闘機を随伴させ、味方爆撃機の損失を抑えることが有効な手段であったことは零戦の場合とまったく軌を一にしている。

「栄」エンジンの搭載

エンジンについては、十二試艦戦の3号機以降は「瑞星12型」800馬力を「栄12型」950馬力へと換装するよう海軍から指示されている。

「瑞星」から「栄」への換装により、馬力が約10％向上したことで、「瑞星」では最大速度270kt（500km／h）が限界であった速度を上回ることが可能となったばかりか、燃費率も310g／HP／hから280g／HP／hに減少することによって、航続距離の延伸が可能になったのである。零戦がデビュー戦を果たした漢口攻撃のあとで、エンジンを担当した永野大尉が『「栄」のシリンダーのボアが130㎜φで「瑞星」の140㎜φより10㎜少なく、ストロークは逆に150㎜および130㎜とロングストローク型としたので「栄」にはシリンダーヘッド周りの寸度に余裕があり、吸・排気弁の開き角を大きく採り、半球形に近い燃焼室としたことで圧縮比を7.2と高くすることが燃費率の改善に役立った』と述懐している。

「栄」エンジンへの換装は、航続性能の延伸という厳しい要求を満足するため良い選択であったことが分かる。搭載するエンジンは、機体の評価を大きく変化させる重要なものである。この場合もいろいろな見方があったようだ。「瑞星」から「栄」への換装については「鳶に油揚げをさらわれた零戦」と、堀越技師が評している文献もある。果たして真実はどうだったのだろうか。

今回、曽根技師の資料を読む機会が得られたことは幸いであった。資料の内容の多くは、三菱名古屋製作所長への会議報告や現場への指示などであったが、堀越技師の著書『零戦』の詳細な内容をたどりつつ照合してみると、少なからぬ新たな事実を知ることができた。

九試単戦2号機に関する指示では、主翼の上半角をあらかじめ幾通りか準備して図面化し用意していることも知ることができた。また同機の高い運動性を支えた自転防止策である捩り下げも、その特性を細く調整するため、原図を現場で用意するように指示している。堀越技師の深く考え周到な準備をする几帳面な性格の一面を見た思いである。

十二試艦戦の開発では、開発要求書が打診された昭和12年5月の「案」の段階から、大陸での戦訓を盛り込んだ10月の「交付」時とでは、その内容に大きな変化がある。従来の艦隊防空用であった艦上戦闘機の主任務が陸攻の護衛に変化し、長距離随伴したあと相手の邀撃戦闘機に対して空戦で優位に立つことを要求されている。この厳しい要求を満足するために空力的に洗練され、軽量化を徹底しただけでなく、さまざまなアイデアを駆使して開発に取り組んだことが堀越チームの大きな成果といえるだろう。

わずか１０００馬力の単座艦上戦闘機に、これだけの能力を具現化し、大きな成果を得たことは、堀越技師の優秀な技量が生み出した大きな業績であったと言える。

参考文献

『零戦　日本海軍航空小史　増補改訂版』　堀越二郎、奥宮正武 共著　日本出版協同　１９５４
『零戦の誕生』　森史朗 著　光人社　２００３
『零戦、かく戦えり！』　零戦搭乗員会 編著　文春ネスコ　２００４
『航空技術の全貌（上・下）』　岡村純 他編著　原書房　１９７６
『戦闘機屋人生　元空将が語る零戦からＦＳＸまで90年』　前間孝則 著　講談社　２００５
『あゝ零戦一代』　横山保 著　光人社　１９６９
『零戦最後の証言　海軍戦闘機と共に生きた男たちの肖像』　神立尚紀 著　光人社　１９９９
『海軍航空隊始末記　発進篇』　源田実 著　文藝春秋　１９６１
『日本の航空母艦』　長谷川藤一 著　グランプリ出版　１９９７
『零戦一代』　田中悦太郎 著　サンケイ新聞出版局　１９６６
『飛行機設計論』　山名正夫、中口博 共著　養賢堂　１９６８
『日本傑作機物語　「航空情報」』　「航空情報」編集部 編　酣燈社　１９５９

『続・日本傑作機物語』「航空情報」編集部 編 酣燈社 1960
『零戦の遺産 設計主務者が綴る名機の素顔』 堀越二郎 著 光人社 1995
『航研機 世界記録樹立への軌跡』 富塚清 著 三樹書房 1996
『航空学入門 下巻』 木村秀政 監修 酣燈社 1975
『坂井三郎空戦記録』 坂井三郎 著 講談社 1992
『最後の30秒 羽田沖全日空機墜落事故の調査と研究』 山名正夫 著 朝日新聞社 1972
『航空力学の基礎と応用』 糸川英夫 著 共立出版 1943
『雷電／烈風／100式司偵 軍用機メカ・シリーズ4』「丸」編集部 編 光人社 1993
『最後の艦上戦闘機烈風 ゼロ戦後継機の悲運』 松岡久光 著 三樹書房 2002
『太平洋戦争日本海軍機「航空情報」』「航空情報」編集部 酣燈社 1972
『中島飛行機エンジン史 若い技術者集団の活躍』 中川良一、水谷総太郎 共著 酣燈社 1985
『三菱航空エンジン史 大正六年より終戦まで』 松岡久光 著 三樹書房 2005
『写真記録 航空事故』 野沢正 編 出版協同社 1961
『航研機 東大航空研究所試作長距離機』 日本航空学術史編集委員会 編 丸善 1999
『写真集 太田・大泉の100年』 茂木晃 著 あかぎ出版 2000
『飛行機設計50年の回想』 土井武夫 著 酣燈社 1990
『真珠湾攻撃総隊長の回想 淵田美津雄自叙伝』 淵田美津雄 著 講談社 2007

『Introduction to Flight』John D. Anderson Jr. McGraw-Hill 2000
『Aircraft Armament』Bill Gunston Orion Books 1988
『Focke-Wulf Fw190A』Dietmar Hermann, Ulrich leverenz, Eberhard Weber AVIATICVERLAG 2001
『FIGHTERS VOl. Ⅲ』Wiliam Green MACDNALD 1961
『JANE'S 100SICNIFICANT AIRCRAFT 1900～1969』Jane's All the World's Aircraft Publishing 1953

あとがき

零戦の開発物語は、主任設計者の堀越二郎と海軍航空参謀の奥宮正武の共著『零戦　日本海軍航空少史』（以下、単に『零戦』とする）に詳しく描写されており、航空機に興味のある多くの人々に熱心に読まれています。現在、流通している零戦に関する書籍は、何らかの形でこの『零戦』の内容に影響を受けているといっても過言ではないでしょう。

堀越設計チームの片腕として昭和10年2月以来、戦闘機の開発を手掛けてきた曽根嘉年さんが資料を残していたことは一部では知られていました。ある日、「曽根家から、資料を預かりました。読んでみませんか」と防衛技術協会から話がありましたので、拝読しました。

曽根家からお借りした資料は、機体開発に伴う日々の報告並びに各種指示7冊と忘備録のノート8冊にまとめられています。手書きカナ混じりの文書を苦心しながら読み込んだ甲斐あって、本資料を『零戦』に記載された内容と突き合わせるうちに、開発を巡る様々な状況が明らかになりました。

その結果、堀越さんの設計がよく考えられ、ご当人の几帳面な性格を反映して、非常に周到なものであることがよくわかりました。

例えば、九試単戦の主翼二種類を、当初から一号機、二号機用として準備しており、横安定性を搭乗員の好みに合わせて、上反角を変えた金具を数種類用意し、さらに失速性改善のため、主翼の「捩じり下げ」の角度を任意に変化できるように計画しています。

また十二試艦戦（零戦）の試作では、性能要求が（案）から要求書になる間に、艦隊防空任務に加えて、味方爆撃機に随伴し制空援護任務も可能なように、航続性能を延伸する内容に変化したことに対応して、燃料容量を無闇に増大させるのではなく、巡航を経済速度とし、往路分の燃料を洗練された形状の落下増槽で賄う方式を案出したことは世界で初めての快挙であったかと思います。


曽根さんは設計チームのナンバー2として海軍との調整あるいは部隊での不具合対策にと奔走し、その誠実な人柄、構造等に関する高い見識などにより開発の要求者、運用者、運用部隊からの信頼を得ています。その活動の中で、九六艦戦の強度試験ではすでに昇降舵系統の操縦策の剛性を低下させており、これを規格値まで向上させることが無益であることを空技廠の担当者に対し強く主張しているのが興味深いところです。

曽根資料に目を通すたびに、不具合が発生すると直ちに熱田駅から列車に乗り、追浜や佐世保に向かう曽根さんの姿が情景として浮かび上がります。そのうえ本資料には、『零戦』だけでは見過ごされがちだった、堀越さんをはじめとする三菱設計陣のチームとしての活動も詳細に記録されています。

以上のことから、曽根資料は、日本の航空技術の進歩の過程を明らかにするうえで第一級の価値があると言えるでしょう。これを読み解くことが、堀越さんの機体設計の思想をより深く理解するための鍵となると確信しています。

貴重な機会を与えてくれた、曽根さん並びに関係者の皆さんに感謝いたします。

令和元年七月

杉田親美

著者略歴

杉田親美（すぎた・ちかよし）

元防衛技官。1949 年東京都生まれ。

日本大学理工学研究科機械工学専攻博士課程前期修了。

防衛庁技術研究本部第三研究所第一部航空第三研究室長、防衛省技術研究本部副技術開発官（航空機担当）を歴任。

三菱《みつびし》海軍《かいぐん》戦闘《せんとう》機《き》設計《せっけい》の真実《しんじつ》　曽根嘉年《そねよしとし》技師《ぎし》の秘蔵《ひぞう》レポート

2019年 7 月 1 日　初版第一刷発行
2019年10月 1 日　初版第二刷発行

著　者　杉　田　親　美
発行者　佐　藤　今　朝　夫

〒174-0056 東京都板橋区志村 1-13-15
発行所　株式会社　国　書　刊　行　会
TEL. 03（5970）7421（代表）FAX. 03（5970）7427
URL：https://www.kokusho.co.jp

落丁本･乱丁本はお取替いたします。印刷･㈱エーヴィスシステムズ　製本･㈱ブックアート
ISBN978-4-336-06367-0